讓家更大順暢
一 次 到 位

格局改造攻略

Pattern Transformation

風和文創編輯部——著

目錄 CONTENTS

CH1 原理篇

格局改造，必懂Know How！

CH2 提案篇

平面圖破解格局，1種格局×2種提案！

CH3 個案篇

85個案，7大不良格局改造實例！

CH 1

格局改造，必懂Know How！

原理篇

- 【建築結構】好建築 **vs** 好格局
- 【室內設計】格局改造大解析 樑柱系統 **vs** 板牆系統

好建築 vs 好格局

格局改造一定會牽涉到建築物的結構，在改造之前，不管是消費者還是專業設計師，應該先清楚體認到空間設計兩個真正重點：
好建築，是一切的基礎，重點是：(1)結構、(2)隔間、(3)開口。
好平面，是符合的生活需求，關鍵是：(1)格局、(2)氣流、(3)需要

諮詢暨資料提供｜林煜傑建築師

好的格局設計必須讓屋主的生活空間，在採光、氣流與溫濕度都能得到好調節，建立健康的生活環境。所以最重要的應該在購買住宅前，學會如何看懂格局好壞，才會挑到容易變更的室內空間；如果已經買好房子，面對不能更動的牆面，所以設計師們要反過來思考：遇到兩片不可動的牆「夾起來」的區域，應該如何運用、創造出全新的生活空間與方式。

板牆系統 vs 樑柱系統，結構原理都一樣

「面對大陸的建築結構不同，不能用台灣室內設計常用的更改法」，這個觀念有漏洞，準確來說，全世界的建築結構原理都差不多，只不過是使用樑柱、或牆面組合成建築的比例情況不相同，以台灣建築的要求來說，時時面對地震的潛在威脅，必須要求建築結構能減震甚至抗震，所以後期大量運用「樑柱結構」來建造，結構牆面用的比例愈來愈少；大陸與香港遇到地震機率比較少，對建築結構的要求相對單純，是以牆面來做結構的「板牆結構」為主，對於抵抗地震力是稍微比較不夠的。

樑柱系統的優點是：室內變更自由度最大

使用樑柱為主的建築內部，柱子會落在整個住家空間的四周，單一室內空間內幾乎沒有柱子，並且所有結構應力用的牆面也都移到外牆了（或各戶相鄰之間），中間的牆面可以大方拆除，把室內控制在客、餐廳能夠完全打

開，或是達到室內可以做到完全淨空，消費者可以在室內變更時得到最大的自由度。

板牆系統的特點：並非所有的牆都不能拆除

當建築使用板牆系統時，就是代表在建築內的牆面組成，分成有「結構性」和「非結構性」兩種，結構性功能的牆必須同時「肩負抵抗地震力、建築物重量的能力」，保證建築物的安全；而非結構性的就可以拆除更動，讀者必須請建設公司提供完整的建物資料，分清楚兩者位置，才能進行設計變更格局。

Q1：樑柱系統為什麼被稱為柔軟的結構？

A 以樑和柱形成一個空空的框架，再組合成一個大的建築物，所以樑柱系統也被稱為「框架系統」。鋼骨結構框架的好處是彈性高，在地震來時比較能柔軟的擺動，不像RC固狀力強，反而有更多能力去吸收地震力。

Q2：板牆系統的特徵？

A 也被稱為剛性系統，其中內部具有結構性能力的牆還分兩種類型：

❶ 承重牆：要負責乘載建築內所有重量、地震、風力的牆壁。（建築技術規則的專有名詞）

❷ 剪力牆：專門承受風力、地震力，就是屬於傳送(或抵消)「側向力」的功能，當然真實世界在運用時，還是會加入其他的垂直重量。

剪力牆運用如果只放一處，等於一根細細的棍子，沒有太大幫助，必須有左邊與右邊同時撐著，才有比較強的能力。

所以好的剪力牆安排是：盡量在最外圍，而且一定是「對稱」。

剪力牆與樑柱系統 格局比較

Point 1

使用高比例的板牆結構系統

較厚的牆面當作整個建築物的結構承重功能，這種牆面主體是不能拆除的，除非只是作為隔間使用、不具有承重的任務。

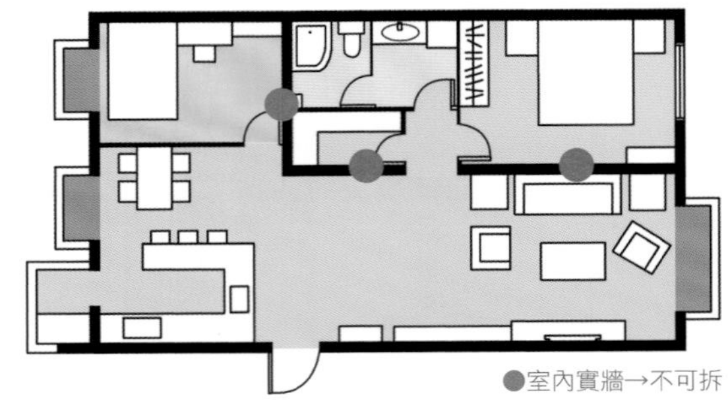

●室內實牆→不可拆

Point 2

樑柱系統為主的結構

將結構柱安排在建築物的四周，室內牆幾乎沒有承載結構的功能，唯一建議不要更動的就是「管道間」的牆面與外牆，比較容易發生難以處理的問題。

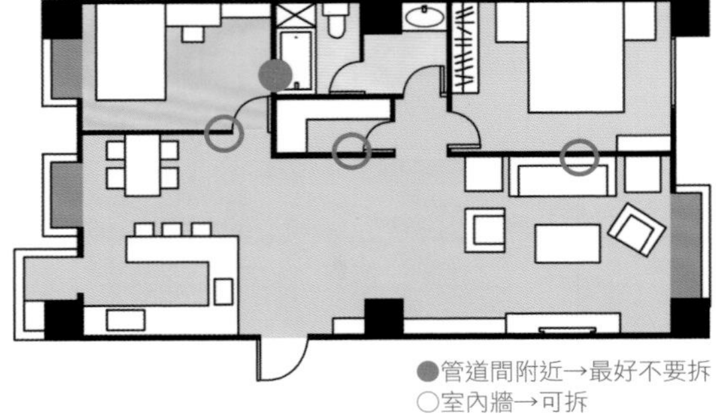

●管道間附近→最好不要拆
○室內牆→可拆

Point 3

板牆系統可以視為建築師的暗示

建築師放置「具有結構性功能」的牆面位置因為必須是「對稱性」，因此可以從兩個方向來觀察：

❶ 從整體大建築物來看：當觀察A戶的客廳與浴室有兩道不能動的牆，但卻不沒有整齊的對稱性時，可能與其對稱的牆面是落在隔壁戶的室內。

❷ 從室內來看：牆面落點好不好，要看建築師是否細心，大部分情況會落在有管線或是有濕式施工的地方，例如廚房和浴室，正是希望客戶不要胡亂拆除，避免造成漏水問題；另外還有落在客廳的主牆等，常常「允許客戶變更」的最大區域都是房間，購買前要詳細比較各建案差異。

購屋前，「看」出好建築與好格局2要點

想要馬上看出一間房子的格局好不好，最快的學習方法就是「比較」，多找幾張建設公司提供的平面圖仔細看，就能看出樑與牆的結構方式是否均勻、是否很規則，一旦你看上的房子符合這種均值的情況，平面配置就會有機會展現出更大、更自由的變更方式。認真的比較觀察，也能發現結構方式是否非常理性、因為愈規則的結構，也代表建設公司的品質愈好。

要點一、好建築的關鍵：是否被「工整」安排

消費者應該要注意的是，樑、柱、牆是否被工整的擺好？

有些房子的平面圖一眼看起來「彎來彎去」，可能為了某些不知名理由，使得柱子沒有對在一起，甚至有些地方會有搭接的情況；或是當建築師在作設計時，先以「堆」空間的方式進行，建築結構是後來才放進去的，造成擔任承重功能的牆面出現不工整的情況，這樣的格局就會有綁手綁腳，後期更難做變更平面配置。

另外一種難改的情況就是承重牆同時出現有南北向、也有東西向的佈局時，就是非常難改的格局。

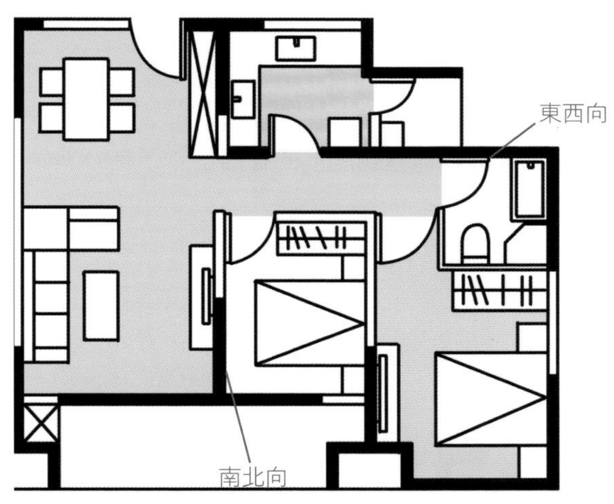

要點二、好建築的關鍵：開口

改造格局應該肩負對空氣品質與氣流的改善任務，如果沒能力住或是用高級設備，對流是唯一的機會，能有效降低空調負荷，並且對身體是比較理想的。

所以，影響未來改動平面中，「開窗」也是一個很大的因素，現在流行的大片開窗，對潮濕高熱多雨的南方地區是不理想的設計，因為我們需要能夠全開窗增進氣流，尤其大部分建築都是RC構造，而RC的蓄熱能力很好，到了晚上整個建築物都很熱，這時開窗戶（和開冷氣是一樣道理），創造出一個好的對流方式是重要的，可惜的是，很多建築物的柱與柱之間只有一大片窗戶、沒有牆，反而沒有機會改動平面格局，也就無法創造風的通道。

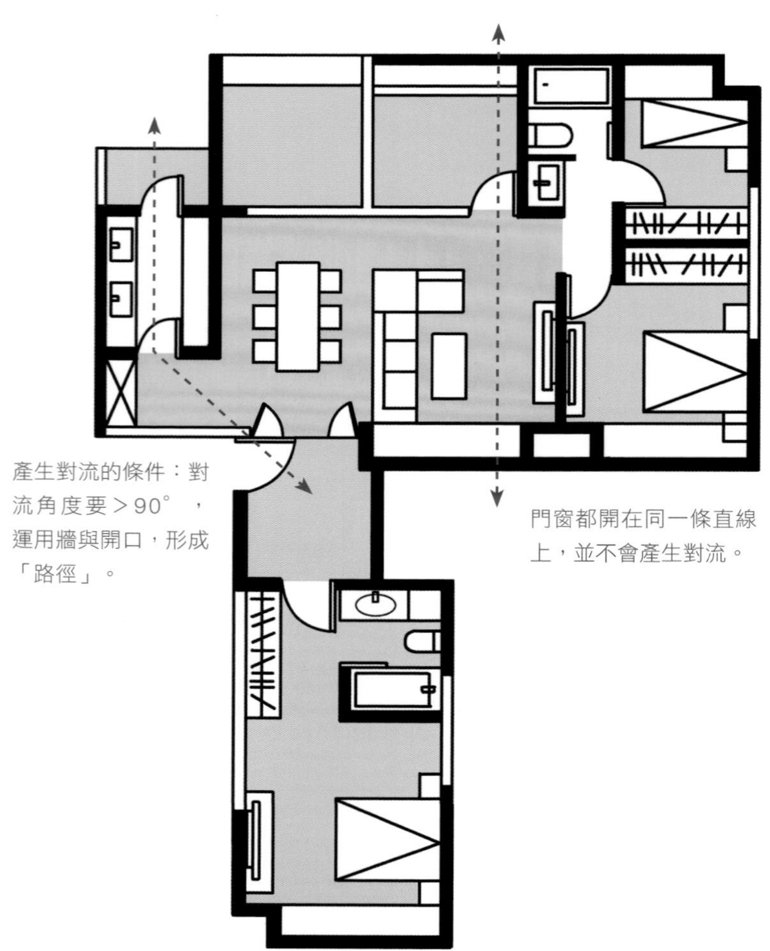

那一種是理想的板牆系統格局

Point 1

好建築是精準計算重要區域

頂尖專業的建築師事務所，先想好量體之後，才開始放「結構」，布局就會很工整，在某些區域盡可能避開放置樑柱或剪力牆，就是希望未來買的人有好的變動機會。

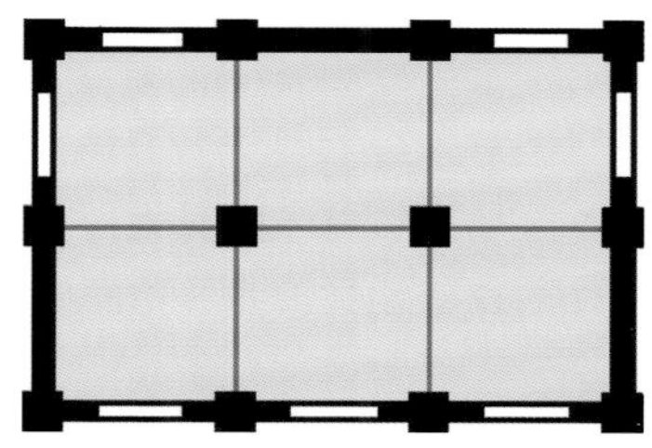

Point 2

格局比較

拿幾張平面圖來對比，就能看出誰整齊、誰歪歪扭扭，能看出設計的規矩，如果牆沒有放在一條線上、是錯開的，很有可能它的結構系統是為了「加」而加。

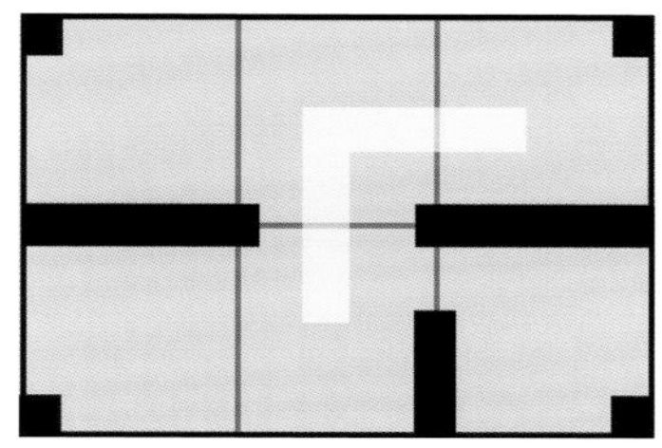

不理想的設計：剪力牆沒有規則性，內部格局變更受到阻礙，通風也不容易改善。只能有1～2種的空間運用。

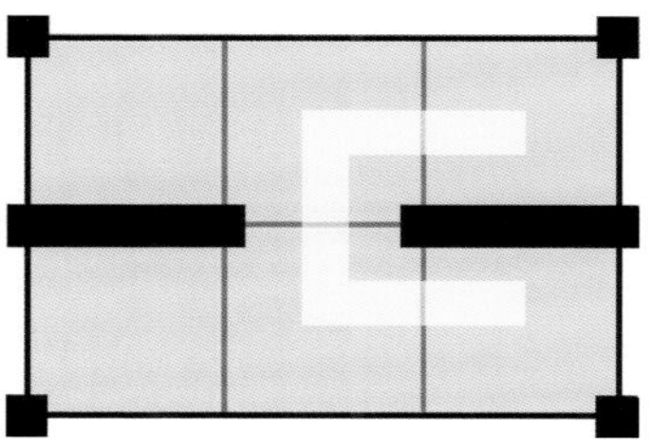

比較理想的設計：有規律型的安排，容易找到變動的設計邏輯。可以產生跨區塊的變化。

Point 3

精準的格子系統

好的設計應該先精準把柱子放好後，在裡面產生精緻的隔間，再在格子系統中有整齊的排列；板牆要做到最完美，也一樣是要思考讓結構系統變的單純，在水平狀態下的格局，可以變化的機會就多了。

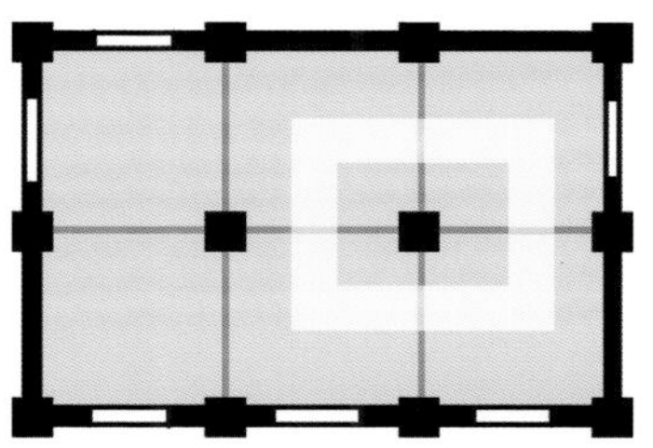

自由的設計：所有區塊皆可串聯運用，設計起來很自由。

容易產生對流的好建築群布局

大部分人在進行平面規劃時，常常只憑視覺、機能去排列，也只在意收納、機能。一般人會希望能隔出愈多房間愈好，有錢的人則希望愈大愈好，但是凡事都有「尺度」，各個機能不應該過大或過小， 真正會影響家庭生活品質、電費、空氣的，是「窗戶」。

不可否認，集合式住宅要產生空氣對流是有難度，首先是建築旁邊一定有鄰居，大多數住宅都只有兩面開窗，少部分有三面開窗；其二是建商為了經濟效益的理由，把共用樓梯間安排在中間，即使有三面開窗的格局，都不一定能讓客廳前陽台和廚房後陽台之間產生對流。

Point 1

細長窗比大面積開窗好

古典「長窗」比現代「大開窗」更容易創造對流環境。因此台灣建築界開始流行長窗建築，現代長窗建築是在許多假柱之間設有窗戶，假柱與假柱之間就可以有很多間斷式牆面，去「產生」室內的牆壁，這種設計對於想變更格局的人，是有大好處的。

Point 2

正陽台與廚房的開窗不在同一條軸線上

一個建築物從正面到背面有機會產生對流的就是正陽台到廚房，而且是正陽台所在的客廳旁沒有隔間，廚房和客廳又沒有對在一起，就是最有機會產生流動路線，所以一開始買屋就要有找到好的建築結構，改造時僅需要針對根據結構特性去調整。

但是現在住宅的銷售坪數都不大，等於一個基地平面要切成很多戶，或是建商不希望產生不規則的外觀，這時就會盡可能補起來，造成沒有機會產生對流，這也是消費者挑選住宅的標準，尤其是以板牆結構為主的建築物，「不能動」的牆所在位置，關乎能否改出提高空氣對流的好環境。

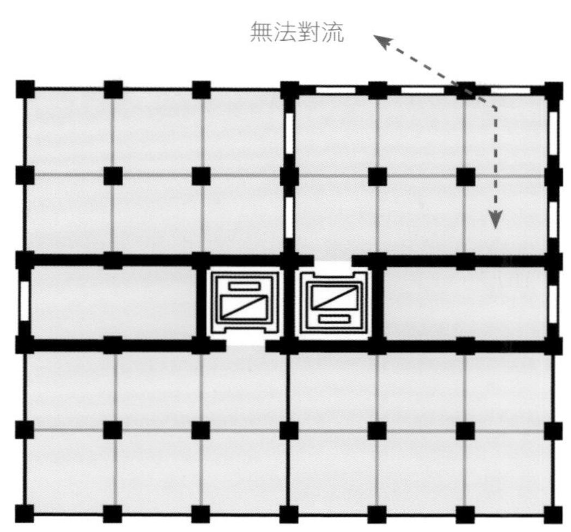

那一種集合住宅的平面能產生氣流？上圖為一般型集合住宅，通風的路徑都被「補」起來了。如果能遇到「飛機型平面」，空氣進出的路徑較遠，就比較容易產生對流。

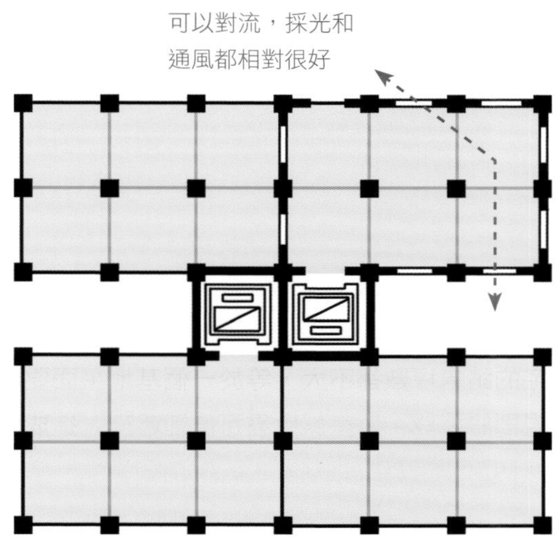

INTERIOR DESIGN 室內設計

格局改造大解析
樑柱系統 vs 板牆系統

在著手進行格局改造時，除了注重空間配置、動線順暢、實用機能，以及空間的舒適、美觀等等之外，最重要、也是最基本必須考慮的，其實是「房屋結構」的安全性。

諮詢暨個案圖片提供｜青埕建築整合設計．郭俠邑

房屋的結構因國家法規，基地所在之地理位置、環境氣候等不同因素，建造方式就會有所不同，因而產生的室內格局就會不一樣。大體而言，台灣的建築結構常見的是「樑柱系統」，大陸或國外的建築結構卻有「板牆系統」，面對這兩種不同的建築系統，在更改格局時究竟有那些不同之處？

結構與格局，存在著一種既衝突又緊密的一體兩面關係，不能更動的結構看似會阻礙到格局修改時空間配置的靈活性，但其實結構是支撐房屋整體的安全，不能為了格局設計的創意、美觀，或者是好用，就枉顧結構的安全性而任意改造。因此在動手修改格局之際，「結構」絕對是首要思考的第一要素，一定要對原有結構的安全有全方面了解後，才能進行格局改造的創意發想。

建築結構＝樑、柱、板、牆

就像人體由骨骼為架構搭配肉身組合而成，建築物的建築結構大致由「樑、柱、板、牆」等承重構件所組成。而這些承重構件就是支撐建築物的結構，關乎整個房屋安全性的重要部份，所以進行室內裝修與改造時是絕對不可更動與拆除的。

❶「樑」的重要性

「樑」是負責承受各樓板的重量，再把重量傳到兩旁的柱子，通常跨在柱子之上，為水平結構物。

❷「柱」的重要性

「柱」是負責支持各樓板的重量，此外也與牆共同肩負抵抗地震，為垂直結構物。

❸「牆」的重要性

「牆」分為承重牆與非承重牆，用來分隔或保護某區域的垂直構造體。

❹「板」的重要性

「板」是用來分隔上、下樓層的水平構造體。

由於台灣地處地震頻繁板塊，加上有鑑於1999年921大地震造成嚴重損失傷亡，因此自921大地震之後台灣建築結構著重於強化樑柱系統，衍生出樑柱較大的建築特色。而大陸建築常見的板牆系統是藉由強化牆面與樓板的承重以加強結構，衍生出樑小、厚牆的建築特色。

認識樑的高度與牆的厚度

樑的高度	隔間牆的厚度	板牆的厚度
一般約50～60公分	平均約8～12公分	台灣約25～30公分
最大80～100公分		大陸約20～30公分

樑柱系統格局改造，思考篇

Point 1

確認可拆與不可拆的牆

除了樑、柱、外牆與承重牆之外，其它的室內隔間牆幾乎可以拆。

Point 2

注重樑的處理與運用

因為空間樑大，加上有些樑不壓床等風水禁忌，裝修時較注重樑的處理方式，以及如何靈活運用樑下的空間。

Point 3

天花板的多元化設計

由於樑大，一般樑高約50-60公分，最大可到100公分，因為要處理樑，因此相當重視天花板的設計，而衍生出豐富、多元化的天花板造型。

Point 4

樑的處理原則

由於樑會影響天花板的高度，不管是依照屋主喜好用斜的、曲面、垂直、水平等設計造型包樑做修飾，或者是將樑外露，面對樑的處理可掌握三大原則：(1)活動頻繁、(2)站的時間多一點、(3)主題性強一點等三個地方的天花板都需略高。

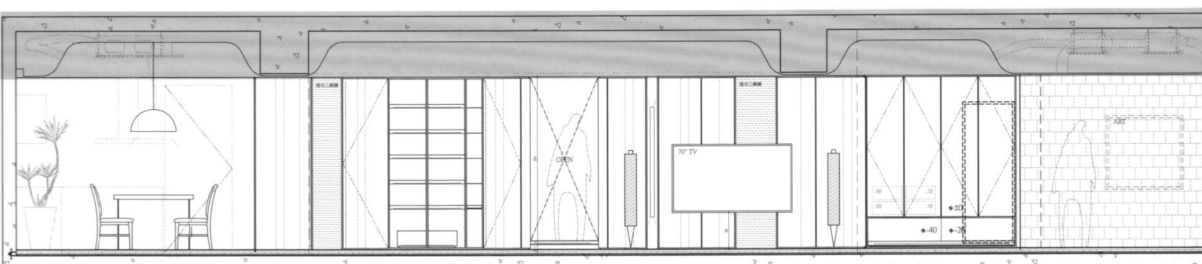

運用圓弧造型天花包樑，一方面區隔出客、餐、廚與書房，另一方面更可包住橫樑，將樑消失於無形，打造空間的波浪層次美感。

板牆系統格局改造，思考篇

Point 1

確認可拆與不可拆的牆

板牆既是承重結構牆、又是空間的隔牆，因此現場堪察時牆壁都一樣厚，不易判斷那些是不可拆的板牆、那些是可拆的隔間牆，故需調出使用執照的原始建築圖，上面都會清楚標示出板牆與隔間牆，通常以粗、細或實心、空心來區別。

實心線為板牆（承重牆），不可拆。
空心線為隔間牆，可拆。

Point 2

格局調動的靈活性較差

相較於台灣格局通常中間可以開放，但大陸的格局由於有板牆卡在中間，不可拆，加上板牆一段一段分佈於空間之中，因此格局改造時空間配置的靈活性較差。

Point 3

不用包樑，天花板不會那麼低

由於板牆系統是藉由厚牆加強承重結構，得以縮小樑的高度，較不需去包覆樑，因此不會讓天花板那麼低。

Point 4

板牆的處理方式

板牆就是承重牆，所以不能動，它是什麼就是什麼，需要裸露出來就裸露出來，需要被掩飾就掩飾。因此處理板牆的方式有：⑴自然裸露、⑵用各種材料與造型去包覆做修飾。

樑柱系統格局改造實例，1格局×4提案

Before

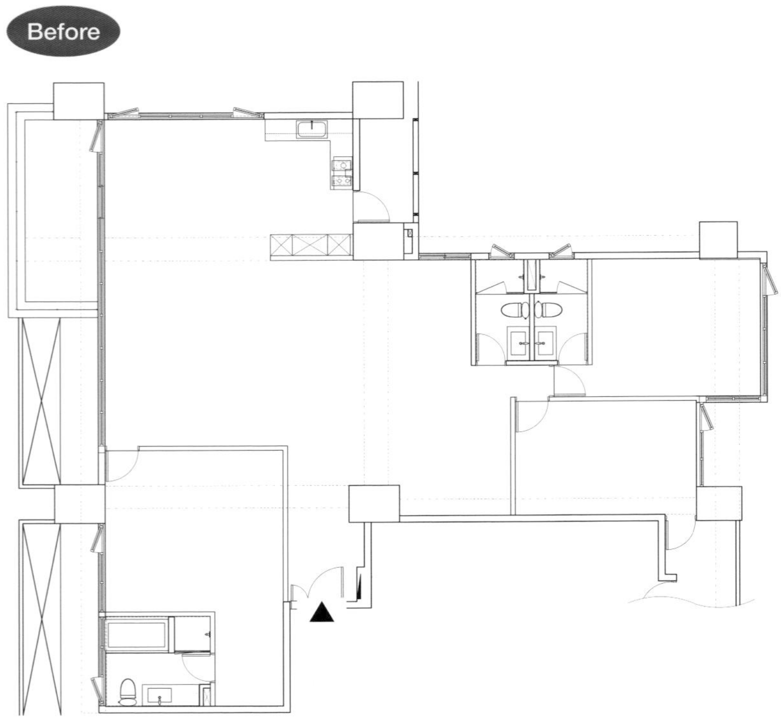

屋主需求

❶ 一家五口、三代同堂需要4房

❷ 4房之外希望能多出1間書房

❸ 要有一間獨立的客浴

Case Data

房屋型式｜電梯大樓／新成屋

座落地點｜桃園

家庭成員｜夫妻2人、2女兒、1長輩

室內坪數｜53坪

提案1 不拆隔牆，3房格局變出4＋1房

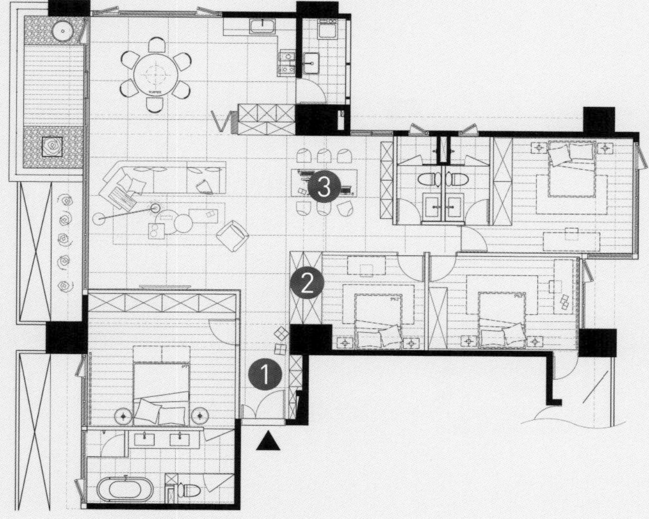

❶ 規劃出玄關，一整排鞋櫃滿足機能，是連結內外的過渡空間。

❷ 運用鞋櫃、衣櫃雙面櫃當隔間，多隔出1房，滿足4房需求。

❸ 多出一間開放式書房，並與客、餐、廚串聯，形成多功能公共空間。

提案2 書房可開放可獨立，4＋1房靈活有彈性

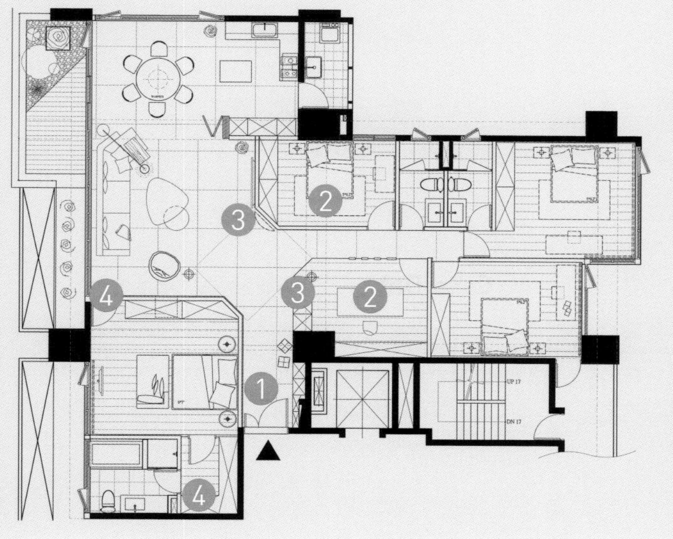

❶ 規劃出玄關，一整排鞋櫃滿足機能，是連結內外的過渡空間。

❷ 小女孩房與書房位置對調，書房以玻璃隔間可獨立可開放。

❸ 靠近客廳的小女孩房與書房的兩道牆，以略為斜角設計修飾牆的銳角。

❹ 主臥房門從玄關處移到另一邊，增加隱密性，並隔出獨立更衣室。

公、私領域一分為二，最好的窗景給公共空間

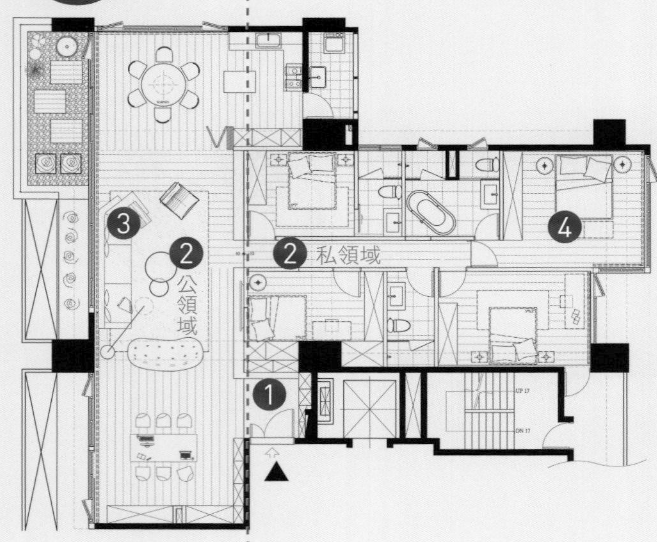

❶ 玄關變成方正空間，需轉向才能到私領域，讓心情得以慢慢沈靜。
❷ 格局一分為二切割成公、私兩大領域。
❸ 一整排靠窗位置規劃出開放式客廳、書房與餐、廚的公領域。
❹ 主臥移到另一邊，將4房統整一起。

同樣坪數空間更寬敞，多隔出書房兼雪茄室、客浴、小女孩房

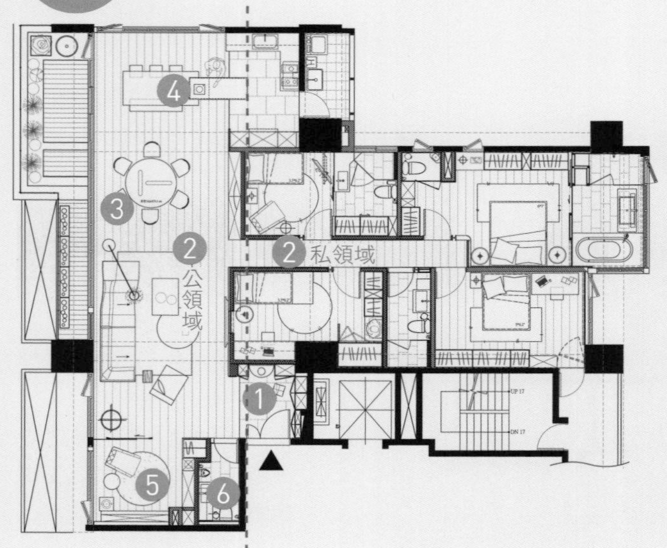

❶ 玄關規劃為方正空間，需轉向才能到私領域，讓心情得以慢慢沈靜。
❷ 格局一分為二切割成公、私兩大領域。
❸ 一整排靠窗位置規劃開放式客廳、圓形餐桌、中島廚房與書房的公領域。
❹ 廚房改成中島廚房結合便餐檯，可用餐、品酒、喝茶。
❺ 書房以玻璃隔間，加裝抽風機，兼做雪茄室。
❻ 書房旁多隔出一間客用廁所。

樑柱系統修飾×3重點

Point 1

直線造型天花→功能：延伸視覺、區隔空間

使用直線造型天花，將樑露出，條狀造型預留材料龜裂伸縮縫，具延伸視覺之效，保留立體性；還可兼具定義客、餐、廚與書房不同空間。

Point 2

運用樑下空間 →功能：規劃櫃子、展示架

樑下規劃衣櫃結合收納櫃切齊樑，搭配開放展示架和黑板牆，消彌樑的壓迫，豐富視覺層次。

Point 3

木格柵設計 →功能：消彌橫樑兼具消音

集中的4個房間廊道有橫樑，以木格柵修飾橫樑，賦予視覺美感兼具消音功能，創造寧靜環境。

板牆系統格局改造實例，1格局×4提案

實心線為板牆（承重牆），不可拆。

空心線為隔間牆，可拆。

屋主需求

❶ 需要一間家人與朋友來訪時可以休息的房間

❷ 要有一間主臥室、小孩房、遊戲室

❸ 會招待親朋好友到家作客

Case Data

房屋型式｜電梯大樓／新成屋--毛胚屋

座落地點｜上海

家庭成員｜夫妻2人、1小孩

室內坪數｜226平方米（約68坪）

提案1 只拆一道牆，中西式廚房合一成開放大廚房

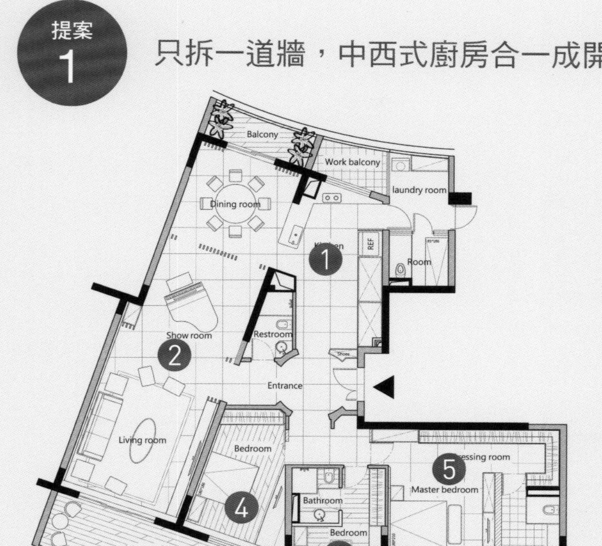

❶ 拆除原中式廚房隔間牆，將中、西式廚房合一成開放式大廚房。
❷ 客廳滿足擺放鋼琴需求，並藉以區隔客、餐廳。
❸ 客房含衛浴的套房設計，滿足親朋好友到家作客。
❹ 規劃獨立的小孩房，以符合未來需求。
❺ 主臥規劃出更衣室，滿足年輕夫婦需求。

提案2 大廚房、大長餐桌，空間多功能、生活多樣化

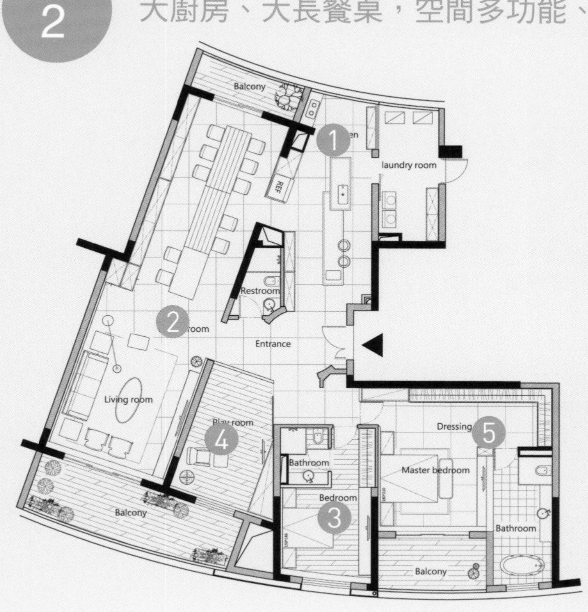

❶ 拆除原中式廚房與工作陽台的隔牆，規劃為一開放式大中島廚房結合便餐檯。
❷ 客廳不擺鋼琴，以一大長餐桌＋書櫃，客、餐廳與書房結合為一。
❸ 客房含衛浴的套房設計，滿足親朋好友到家作客。
❹ 因應小孩剛出生，將小孩房規劃為遊戲室。
❺ 主臥拆除一道牆規劃出更衣室，滿足年輕夫婦需求。

提案 3　公、私領域大對調，打破板牆的侷限

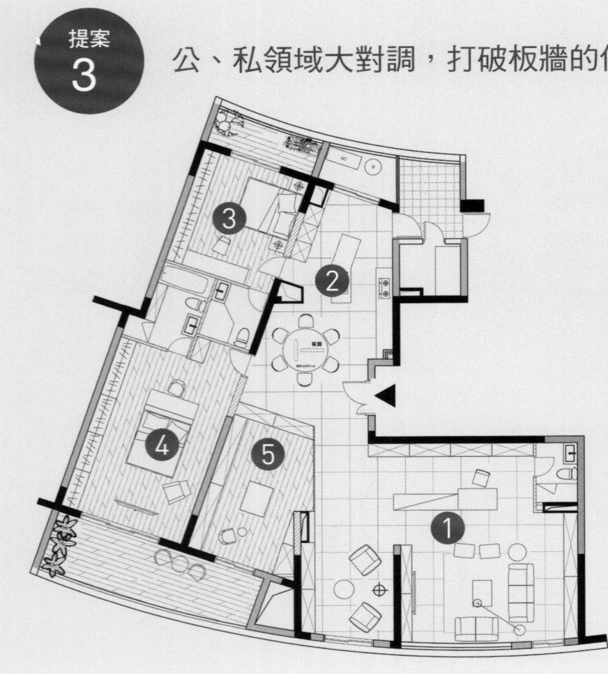

❶ 拆除原主臥與客房隔牆，規劃成客廳、便餐檯、輕食料理檯與半開放書房。

❷ 拆除中西式廚房與客浴隔牆，規劃為開放式中島廚房搭配圓餐桌。

❸ 客房移至原餐廳位置，仍可規劃為含衛浴的套房設計。

❹ 主臥移至原客廳位置，規劃出一排衣櫃滿足需求。

❺ 因應小孩剛出生，將小孩房規劃為遊戲室。

提案 4　客、餐、起居室連成一氣，空間寬敞、使用有彈性

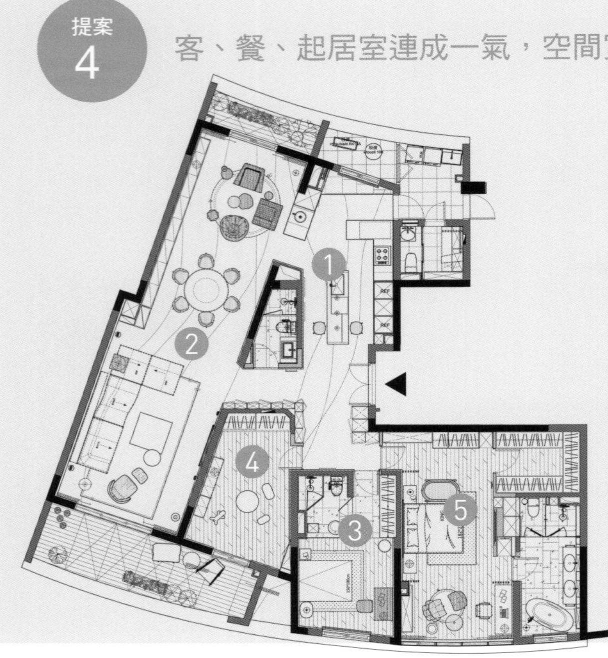

❶ 拆除中式廚房隔牆，將原中、西式廚房空間結合成一開放中島大廚房。

❷ 捨棄鋼琴，公共空間規劃出客、餐廳與起居室三種不同功能又能彼此串聯。

❸ 客房含衛浴的套房設計，滿足親朋好友到家作客。

❹ 因應小孩剛出生，將小孩房規劃為遊戲室。

❺ 主臥大床旁擺嬰兒床，規劃出更衣室，拆除陽台規劃書房與休憩區。

板牆系統修飾×3重點

3D效果圖

Point 1

拆隔間牆＋木櫃修飾板牆→功能：空間開放、消彌突兀

拆牆讓封閉的中式廚房開放，在廚房中心以中島廚房串聯客、餐、廚，公共空間穿透開敞；延著不可拆的板牆施作木櫃修飾，令人忘了板牆的存在。

3D效果圖

Point 2

二合一＋中島便餐桌→功能：空間變大功能更多

拆除中式廚房隔牆，將中、西式廚房合一，規劃中島廚房結合便餐桌，廚房寬敞、功能多元化。

3D效果圖

Point 3

拆牆＋開放式設計→功能：多出休憩區

拆除主臥與陽台間非結構牆，放大主臥引光，落地窗前規劃書櫃、擺放休閒椅，營造休憩角落。

CH 2

平面圖破解格局，1種格局×2種提案！

提案篇

- 承重板牆不能拆，隔間卡卡、制式格局侷促
- 傳統**3**房**2**廳，客廳小沒主牆、舊裝潢擋光
- 你以為合法的格局，卻不符合法規，怎麼辦？
- 狹長老屋採光不足，外牆不齊、格局畸零
- 一家五口不夠用，**22**坪**2**房格局想變**4**房

承重板牆不能拆，隔間卡卡、制式格局侷促

位於東莞的高級住宅，4房制式格局每間都隔得小小的，面積雖大卻看不出寬敞感，只覺得到處都是牆，不同於台灣樑柱系統的板牆承重系統，有些牆又不能拆。透過空間的重新分配，化零為整，小4房變1大1小套房，並放大公共空間，蛻變為大器宅邸。

個案資料暨圖片提供｜大湖森林設計・柯竹書、楊愛蓮

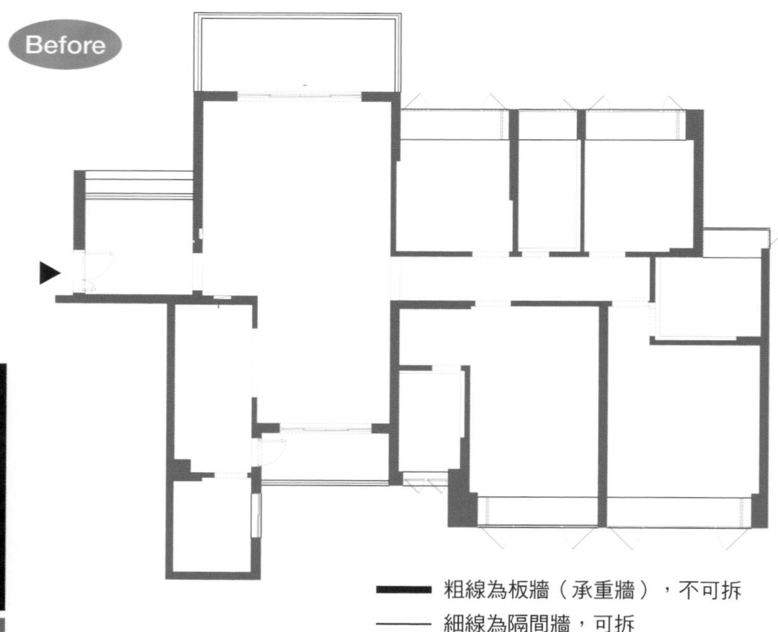

施工前

施工前

【原格局問題】

✕ 制式格局，每間都隔得小小的
✕ 板牆結構系統，有些隔間牆不能拆
✕ 4房格局，屋主需要1大、1小2套房
✓ 坪數大，居住成員僅有2人

開放式客、餐、廚、書房，放大空間、主臥房有雙動線

❶ 打掉緊鄰客廳的一間房，規劃為開放式書房。

❷ 拆除廚房隔間牆，開放餐廚，規劃一字型＋中島廚房＋餐桌。

❸ 拆除熱炒區隔間牆與門，改為無框玻璃門。

❹ 將1客浴改房門到另一面牆，納進小孩房，規劃成套房式。

❺ 將2小房間合併成1大主臥，隔出含更衣室、浴室及雙動線大主臥。

電視與沙發位置對調，主臥更多衣櫃

❶ 打掉緊鄰客廳的一間房，規劃為開放式書房。

❷ 電視牆與沙發位置對調。

❸ 拆除廚房隔間牆，開放餐廚規劃L型＋中島廚房＋餐桌。

❹ 拆除熱炒區隔間牆與門，改為無框玻璃門。

❺ 小移30cm門，客浴納進小孩房，規劃成套房式。

❻ 將2小房間合併成1大主臥，單一動線更衣室如精品服飾櫥櫃。

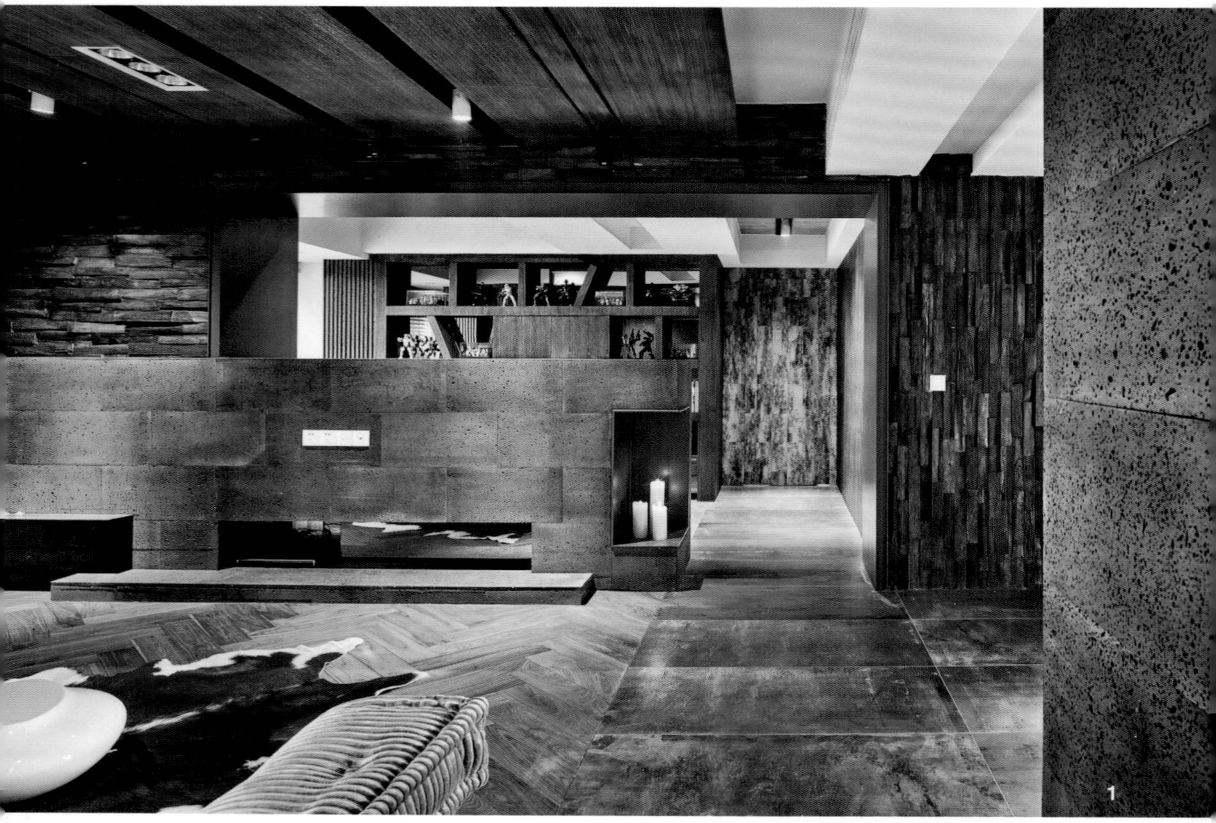

1

選定提案 A

消彌卡卡隔間板牆 格局化零為整，尺度放大開闊靜謐

4房變1大、1小2套房，寬敞空間樸實無壓

Case Data

房屋型式｜電梯大樓／新成屋--毛胚屋
家庭成員｜2人
室內坪數｜55坪
室內格局｜玄關、客廳、開放書房、餐廳、廚房、主臥（含更衣室、書桌、浴室）、小孩房（含浴室）、客浴、儲藏室
主要建材｜火山岩洞石、舊木樹皮拼板、實木地板人字拼、鋼刷木皮

身為企業二代的兩姊弟，因工廠移至大陸東莞而落腳於此，兩人挑選了相同格局、不同樓層的兩戶高級住宅區各自成家。相較於建商把空間都隔的小小的4房，他們渴望擁有大尺度空間的寬敞舒適，得以在家盡情休憩、自在過生活的居家空間。

不同於台灣樑柱系統幾乎可以打掉全部隔間牆的大陸板牆系統，很多隔間牆都存在著不可拆除的板牆，導致制式4房格局的每個空間都相當侷促。大湖森林設計師柯竹書、楊愛蓮透過仔細檢驗拆除可以拆的隔間牆，串聯2個小空間合併成1大空間，創造大尺度空間。打掉緊鄰客廳的房間隔間牆，規劃為開放式書房；拆除廚房隔間牆，採開放式餐廚做法，如此一來，化零為整的公共空間彼此串聯，空間頓時放大、更為開闊寬敞。搭配因地制宜挑選當地特有的火山岩洞石加以磨平處理，以及舊木帶樹皮拼板、花梨木人字拼地板、鋼刷木皮天花板等樸實材質的運用，建構弟弟喜愛的東方侘寂、幽靜的空間意境。

為修飾公共空間不可拆的部份板牆，設計師以舊木帶樹皮拼板修飾，背面以鋼刷木皮設計成書櫃，結合火山岩洞石電視牆與書桌雙面立面造型，融合一起的開放式客廳、書房，絲毫感覺不出有部份板牆的存在。此外，因應家庭成員較少，將2小房合併成1大房，巧妙的將原有4房改成1大、1小的2間套房，符合屋主實際需求。而經由結構技師計算承重適度的2個開口，為主臥創造出雙動線，360度的行走動線，從那一邊皆可自在暢快走動，增添生活樂趣。

2

3

1.將當地火山岩洞石磨平後，成為令人驚豔的電視牆與書桌雙面的立面造型。2.公共空間化零為整的開放設計，以及天、地、壁多種質樸材質的搭配，舖陳東方侘寂空間意境。3.客廳不可拆的板牆背面，以鋼刷木皮設計成書櫃修飾。

提案A重點解析

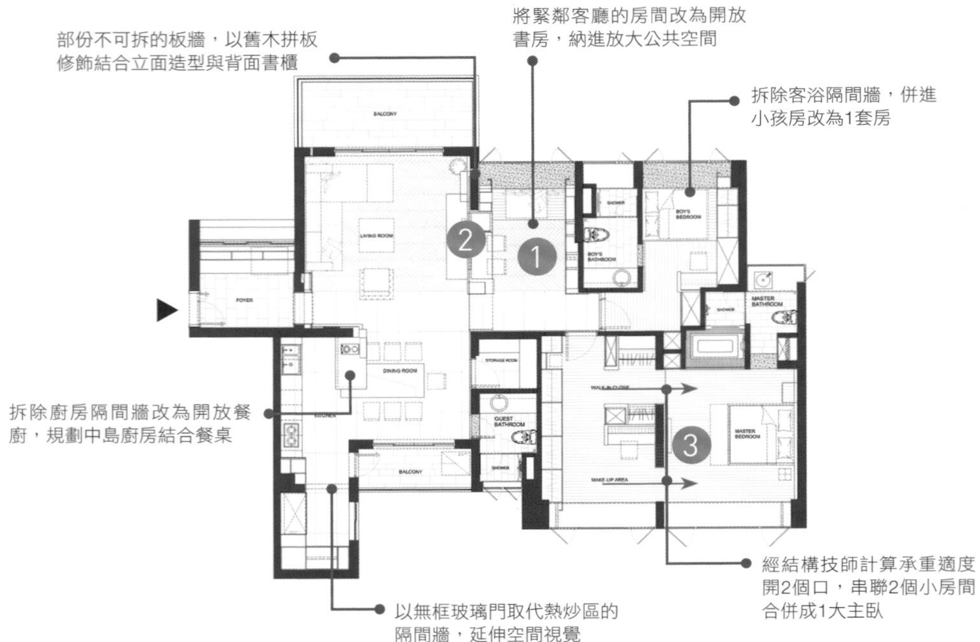

1 / 打掉一房改為開放書房

放大整個公共空間

拆除緊鄰客廳的房間隔間牆，運用當地火山岩洞石磨平設計半高電視牆結合書桌為隔間，公領域格局整個開放串聯，放大空間尺度，搭配樸實的實木拼板，營造東方獨有的侘寂空間美感。

2 舊木樹皮拼版＋立面造型＋背面書櫃

修飾不可拆板牆

為創造大尺度公共空間而打掉緊鄰客廳的房間隔間牆，由於部分不可拆的板牆需保留，因此以舊木樹皮拼版結合火山岩洞石立面櫃、以及背面鋼刷木皮書櫃修飾，消彌板牆於無形。

3 適度2個開口

二房變一大主臥與雙動線

經結構技師計算承重適度的2個開口，讓原本各自獨立的2個小房間，得以合併成1個集結更衣室、書桌、浴室、睡眠區的大主臥，並創造出2個動線，可以360度暢快行走。

格局左右翻轉
對調電視牆與沙發，放大空間新舊交融

高級服飾櫥櫃更衣室，滿足收納營造精品氛圍

Case Data

房屋型式｜電梯大樓／新成屋--毛胚屋
家庭成員｜3人
室內坪數｜55坪
室內格局｜玄關、客廳、開放書房、餐廳、廚房、主臥（含更衣室、浴室）、小孩房（含浴室）、客浴、儲藏室
主要建材｜石材人字拼、老船板拼木、實木地板人字拼、馬賽克

姊弟不同樓層的相同格局，除存在同需把建商隔成的小尺度空間放大，以及卡卡的隔間板牆不能拆的問題外，還需創造不同格局的居家空間面貌。大湖森林設計師柯竹書、楊愛蓮藉由格局的左右翻轉，互調電視牆與沙發的位置、改變床位的擺放，以及運用不同材質的搭配，一樣格局、創造姊弟兩戶不同的空間樣貌。

同樣打掉1房為開放書房、拆除餐廚間的隔間牆，串聯在一起的客、餐、廚、書房，創造出開朗的大尺度公共空間感。其中，因電視牆與沙發位置的對調，運用解構手法將當地石材切成小塊做人字拼的電視牆，上海找到的老船板拼木，混搭灰黑色琉璃馬賽克、白色大理石紋中島廚房與白色廚具，打造空間的豐富層次感，舖陳中西交融、新舊並存的上海人文薈萃又略帶華麗奢靡情調。讓進入姐弟兩戶的家，有著同中求異的不同空間樣貌。

保留部分板牆的修飾手法也與弟弟家不同，沙發背牆以老船板拼木修飾，延伸結合石材牆與背面書桌，消彌板牆於無形。開放餐廚、以中島廚房結合餐桌，給予下廚與用餐更多樂趣。不同於弟弟那戶的深、淺配色及用料，略帶華麗閃亮的灰黑色琉璃馬賽克壁面，搭配白色調廚房、木頭餐桌與黑色餐椅，營造全然不同的生活風情。同樣將4房改成2間套房，因床位擺放的不同，置身其間也有不同的感受。尤其是主臥雖有別於弟弟的雙動線，然而單一動線卻因為打造出宛如高級服飾櫥櫃般的更衣室，不但滿足姊姊需收納衣服、鞋子與包包的需求外，更讓一踏進主臥感受到高質感的精品氛圍。

1.沙發右後方不可拆的板牆，以老船板拼木修飾並延伸結合石材牆，消彌於無形。2.將當地石材切成小塊的人字拼電視牆，搭配灰黑色琉璃馬賽克與白色大理石紋中島廚房，開闊公共空間有著豐富層次。

提案B重點解析

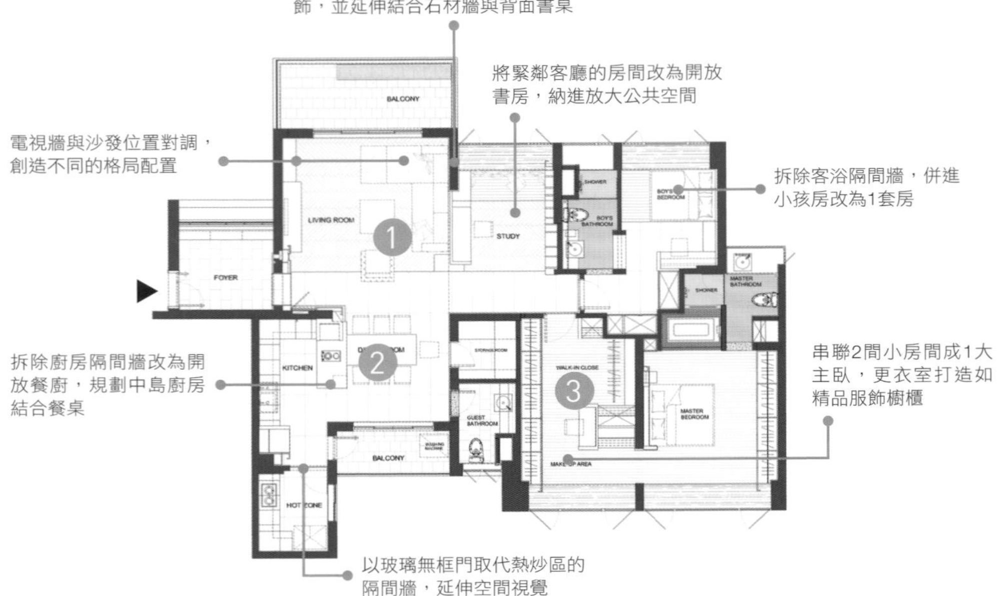

1 / 電視牆與沙發位置對調

一樣格局兩樣風情

藉由格局左右翻轉，將電視牆與沙發位置對調，使用不同材質的搭配運用，創造出同樣擁有中國風，卻鋪陳出東方樸實靜謐、上海低調奢靡兩種不同空間風貌，給予兩戶截然不同的生活Style。

2 / 中島廚房結合餐桌
開放餐廚增進家人互動

將狹長形廚房隔間牆拆除，開放式餐廚佐以中島廚房結合餐桌的設計，讓下廚與用餐更有趣，加上得以與客廳串聯一起，增進家人情感互動，親朋好友造訪時也能彼此交流、賓主盡歡。

3 / 高級服飾櫥櫃更衣室
營造主臥精品氛圍

有別於弟弟主臥的2個開口、雙動線，姊姊主臥透過經結構技師計算承重適度的1個開口，巧妙串聯2小房間合而為一大主臥，宛如精品服飾櫥櫃般的更衣室，賦予單一動線精緻品味。

傳統3房2廳，客廳小沒主牆舊裝潢擋光

格局提案 PATTERN PROPOSALS

常見傳統3房2廳格局，舊式裝潢不僅擋住開窗採光，整個空間很暗、擁擠壓迫、不通風外，客廳更是窄小又沒主牆，沙發怎麼擺都會妨害行走動線。拆除實牆放大公領域，隱藏所有私空間門片創造視覺的乾淨俐落，為昏暗侷促老屋引光納風、開敞通透。

個案資料暨圖片提供｜丰彤設計．張書源

Before

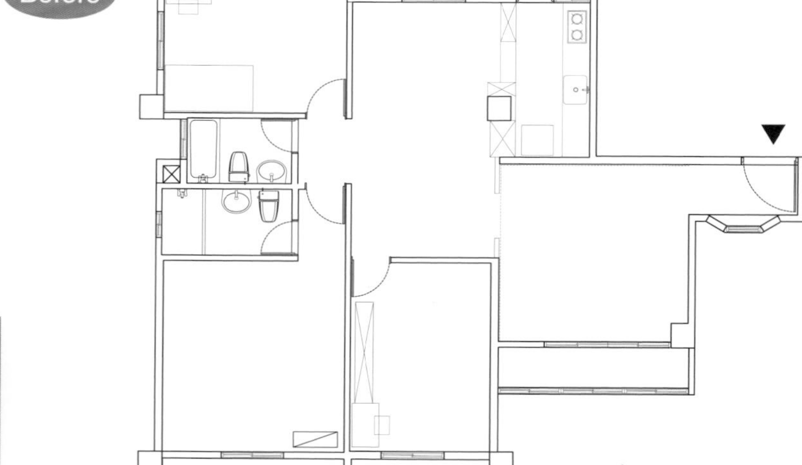

施工前

【原格局問題】

✕ 客廳窄小，缺乏主牆面

✕ 舊裝潢擋住採光與通風

✕ 廚房很小很暗、有一根大柱子

✓ 座落環境幽靜，公設少、零虛坪、機能佳

開放公領域加倍寬敞，保留陽台創造二進式空間

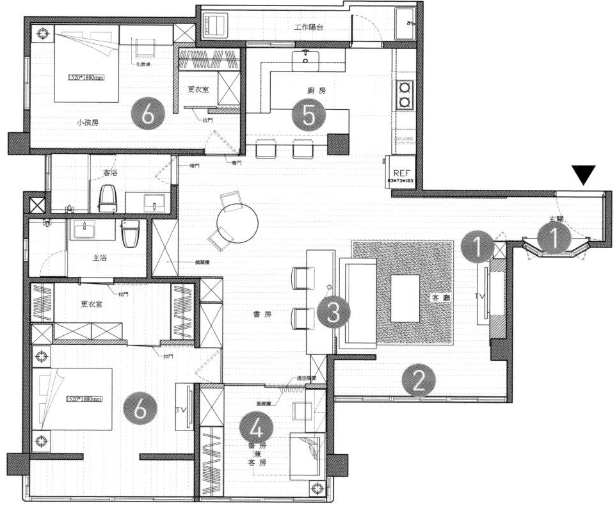

❶ 沿五角窗規劃矮櫃，鞋櫃整合於電視櫃的側拉邊櫃。
❷ 保留陽台舖南方松配古典框架，創造二進空間。
❸ 拆除1道牆，公共空間整個開放，於沙發後規劃書房。
❹ 以玻璃與風琴簾做隔間，引光又多一彈性空間可使用。
❺ 廚房採開放設計，結合中島便餐檯得以修掉大柱子。
❻ 格局重新分配，主臥與女孩房皆規劃更衣室。

3房變2房，擴大公共空間、一排書櫃增添書香

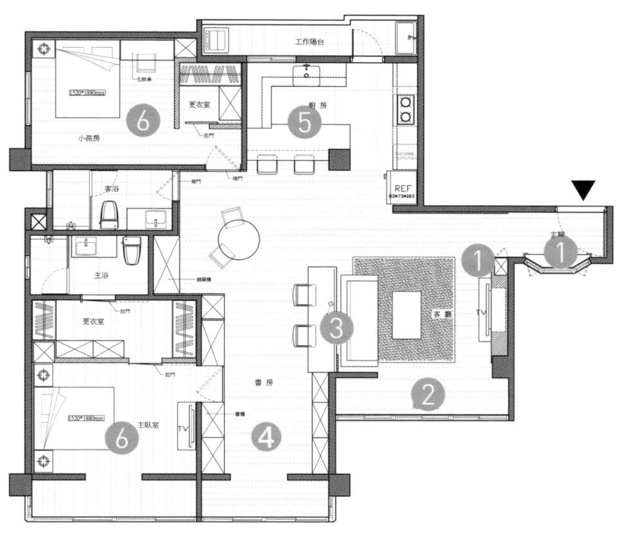

❶ 沿五角窗規劃矮櫃，鞋櫃整合於電視櫃的側拉邊櫃。
❷ 保留陽台舖南方松配古典框架，創造二進空間。
❸ 拆除1道牆，開放公領域，於沙發後規劃開放式書房。
❹ 少一房，增設一排書櫃、一排隱藏式收納櫃，擴大公共空間。
❺ 廚房採開放設計，結合中島便餐檯得以修掉大柱子。
❻ 格局重新分配，主臥與女孩房皆規劃更衣室。

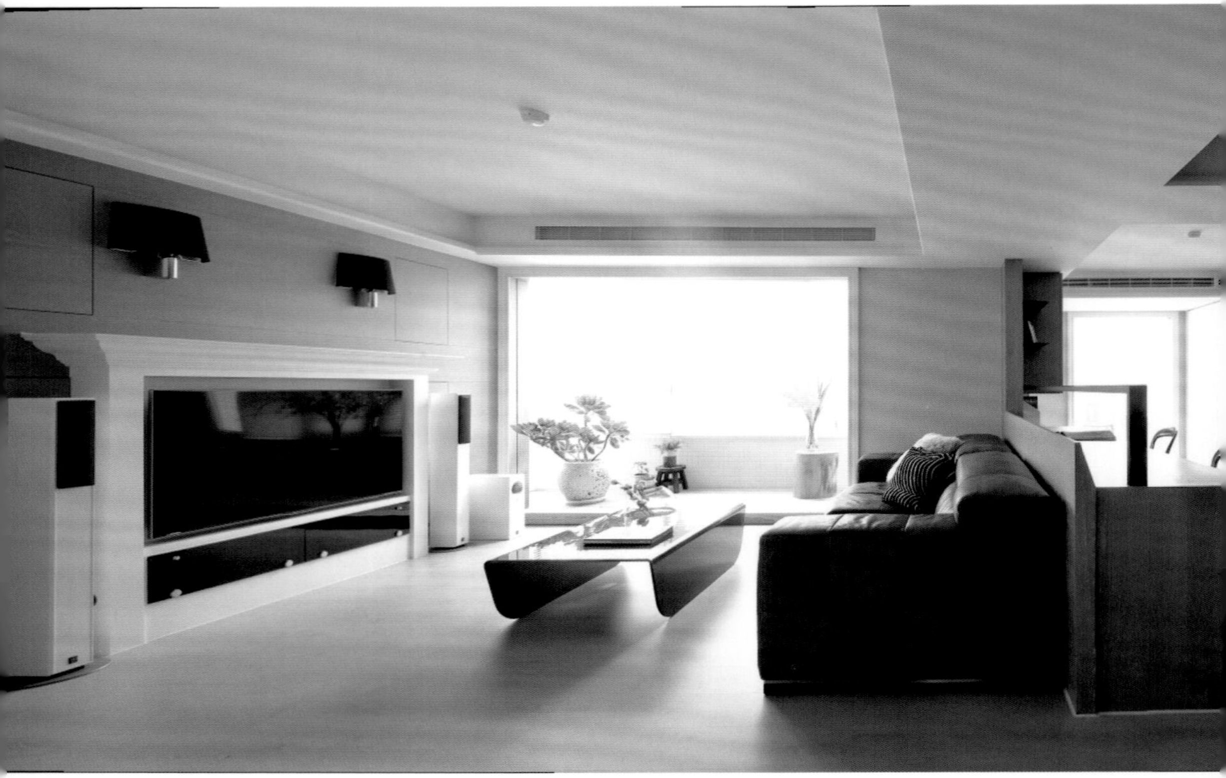

選定提案 B

格局重整 3 房變2房，引光納風，空間清亮通透煥然一新

開放公共空間、隱藏所有房門，門壁櫃合一公私分開

Case Data

房屋型式｜電梯大樓／38年老屋
家庭成員｜3人
室內坪數｜45坪
室內格局｜玄關、客廳、書房、餐廳、廚房、儲藏室、主臥（含主浴、更衣室）、女孩房（含更衣室）、客浴
主要建材｜橡木地板、橡木鋼刷木皮洗白、壁板、南方松

老舊昏暗、隔間小小的、擁擠的38年老屋，水管老舊、壁癌，不合時宜、過度裝修的舊裝潢，擋住原本開窗的光線入內；不當的格局配置，更突顯出諸多疑難雜症。丰彤設計師張書源透過將格局重新解構，跳脫傳統3房2廳的制式格局，將格局一分為二成公、私領域，並以「隱藏私人空間」的設計理念，運用橡木鋼刷木皮洗白及鄉村風白色壁板，巧妙的將門、壁、櫃合一，讓所有房門不見了，藉以創造空間面向的一致性。引進大量採光入內，客、餐廳、書房、廚房、中島便餐檯串聯的開放公共空間，讓人一入內眼睛為之一亮，完全忘卻以前是間老屋。

保留陽台並舖設南方松搭配古典線板框架，擺放綠色植栽與休閒椅，讓一個空間外面還有一個空間，營造出二進式的空間意境。ㄇ字型開放廚房將原本小而暗的廚房搖身一變為清新明亮可容納母女倆的大廚房，搭配中島便餐檯延伸出去恰好修飾掉原本唐突矗立於廚房的大柱子，更為一家三口打造輕鬆享用早餐與休憩喝咖啡的好食光場所。

由於使用成員只有一家三口，捨3房改為2房，滿足屋主希望主臥與女孩房都有更衣室需求，創造出更為開闊清亮而多元化功能的公共空間，特別是規劃於沙發後方的開放式書房，讓男主人在家打電腦處理工作時，得以與不管是在客廳或廚房的家人互動。藉由格局的重新解構與配置，老屋也能完美蛻變為開闊透亮、洋溢交織輕古典與現代鄉村風格空間。

1.少1房讓公共空間開闊通透明亮。2.中島便餐檯修飾掉大柱子。

提案B重點解析

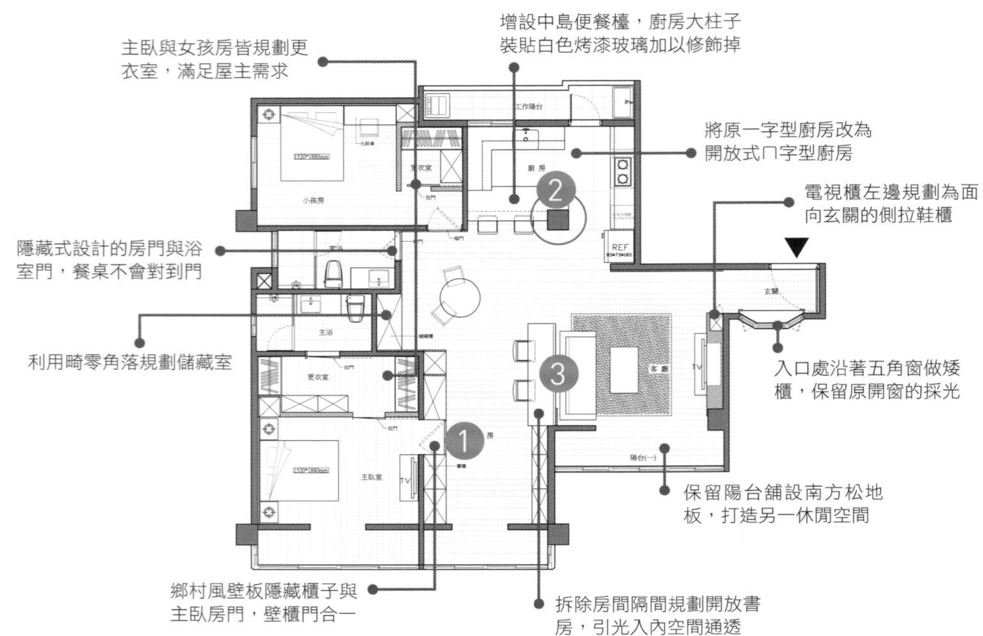

1 隱藏房門＋壁櫃門合一

創造空間面向的一致性

運用橡木鋼刷木皮洗白與鄉村風壁板，不僅巧妙將所有房門隱藏掉，同時也讓櫃子與牆壁整合，用減法原則將空間簡化，讓空間整個面向一致，延伸視覺，使空間備為開闊寬敞。

2 開放廚房＋增設中島便餐台

修飾樑柱廚房多元化

將原本狹小封閉的一字型廚房，重新規劃為開放式的ㄇ字型廚房，並增設中島便餐檯，創造出整齊清麗且擁有多功能的大廚房。延伸中島出去的大柱子形成共同結構，並用白色烤漆玻璃裝貼，巧妙修飾掉大柱子的突兀。

3 拆一房隔間＋開放空間＋壁爐電視櫃

空間放大通透有風格

跳脱3房2廳格局，拆除一房隔間，以開放式客、餐、廚與書房的設計，創造大尺度公共空間，同時引進充沛採光，搭配鋪設於陽台的南方松地板及壁爐造型電視櫃，開朗通透公領域洋溢輕古典與鄉村風交織韻律。

你以為合法的格局，卻不符合法規，怎麼辦？

隨著老屋翻新個案增加，各種狀況層出不窮，當申請室內裝修許可發現原格局不符合原建築圖，依法應有2個大門、主出入口需180度展開，房門也需退回樑下才能符合逃生步行距離，嚴謹檢討一條條法規並依法做好格局調動，創造合法又清亮舒適生活空間。

個案資料暨圖片提供｜翎格設計．潘怡華

Before

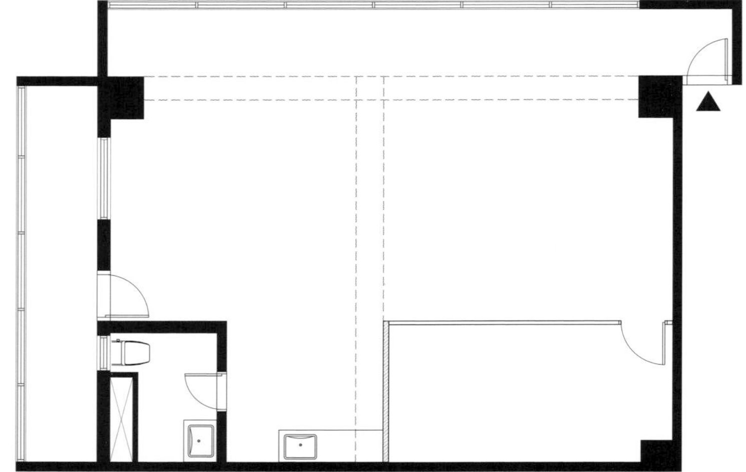

施工前

【原格局問題】

✕ 全無隔間，部份挪做多功能空間使用
✕ 樑很低，造成空間高度壓迫
✕ 天花板以樑下收齊，使得空間更低矮
✓ 位於高樓層，採光視野佳

大片景觀窗＋L型書櫃，創造大視野的書香天地

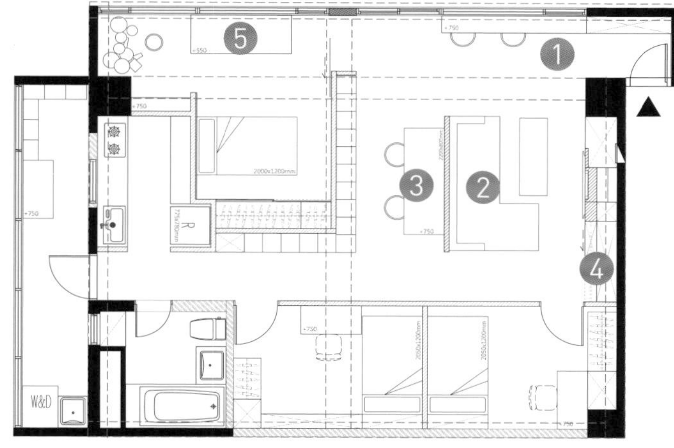

❶ 入口處隔出玄關櫃，延伸做一餐桌兼端景桌。

❷ 客廳格局配置方正，搭配大片景觀窗，創造大視野。

❸ 客廳後方規劃開放書桌與L型書櫃，收納大量書籍。

❹ 將清酒櫃整合於電視櫃之中。

❺ 主臥半窗前規劃臥榻，旁邊隔出一彈性空間。

格局大調動，符合法規仍有視野和寬敞度

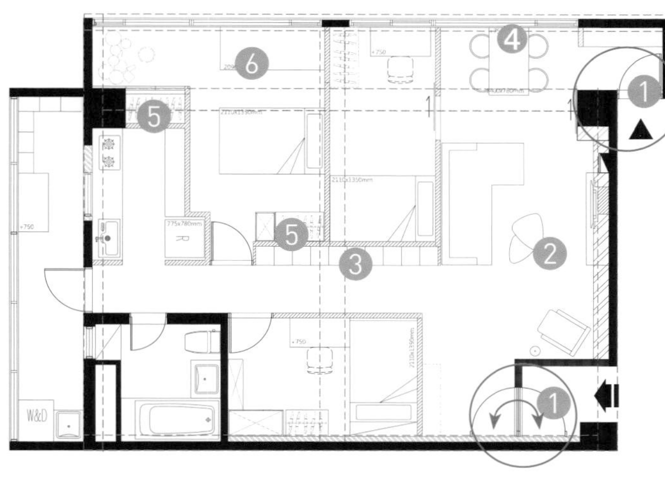

❶ 依原始使照需2個大門、主大門180度展開，格局呈內凹。

❷ 主出入口變動呈內凹格局，客廳從方正調整為長形，電視櫃內縮爭取空間。

❸ 長形客廳原L型書櫃擺不下，改於走道擺放一排書櫃。

❹ 原橫拉窗改為大片景觀窗，創造大視野。

❺ 主臥原為一排大衣櫃，改為1開放1門片衣櫃。

❻ 主臥半窗前規劃臥榻，旁隔出一彈性空間。

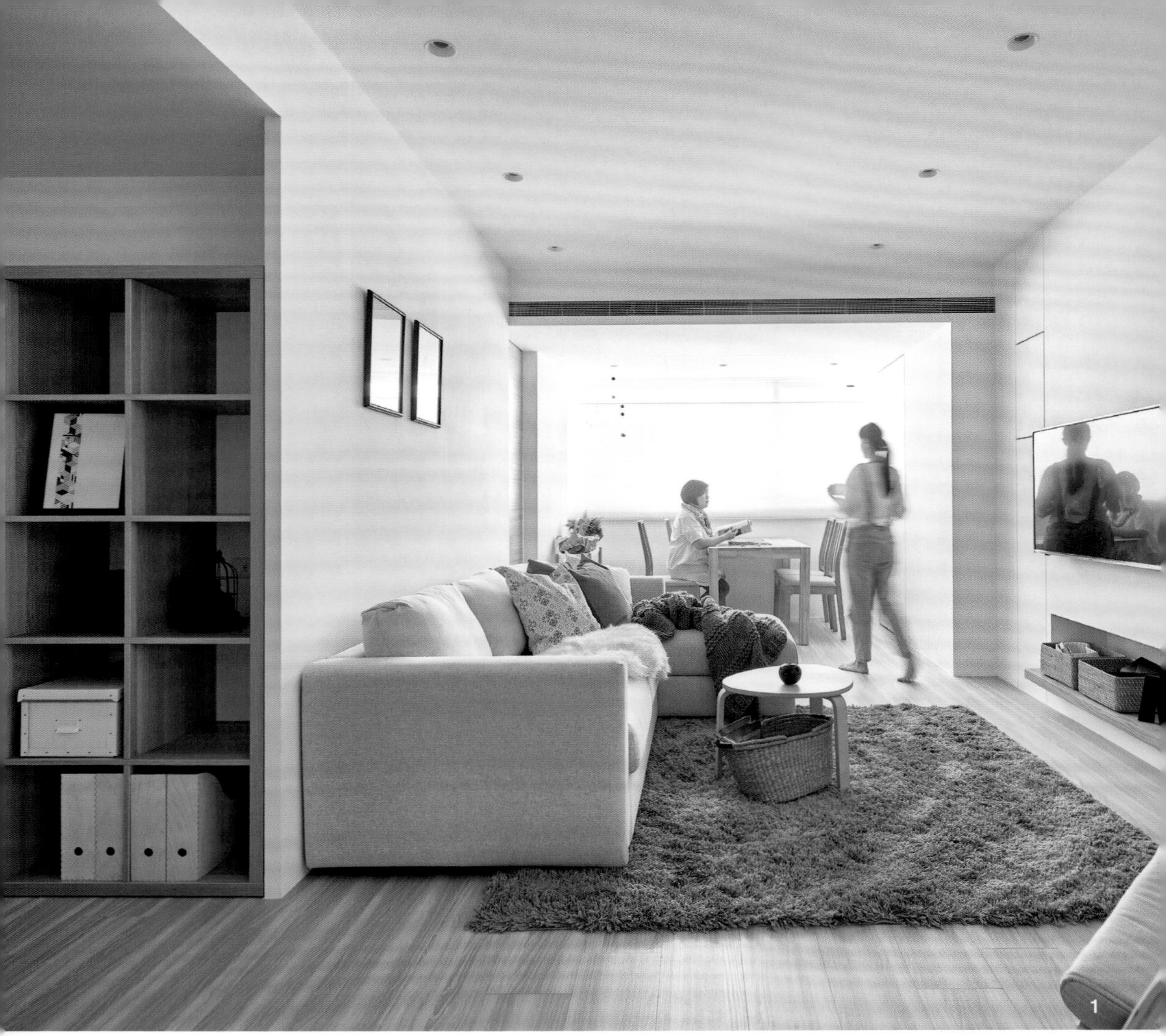

1

依照法規格局變變變 適度留白不做滿，清樸空間有彈性

老屋翻新天花變高、坐擁大視野，合法格局機能舒適並存

Case Data

房屋型式｜電梯大樓／20年老屋
家庭成員｜3人
室內坪數｜30坪
室內格局｜客廳、餐廳、廚房、主臥、2小孩房、浴室、工作陽台
主要建材｜超耐磨地板、風琴簾、實木貼皮、噴漆

當提案A的格局設計完成後，申請室內裝修許可送審時，才發現原格局不符合原使照，因當初起造人未申請變更設計，現在裝修需依法恢復原使照格局。透過檢討一條條法規，難題也一一而來，依法應保有2個出入口，且主出入口大門需180度展開、退回成內凹。此外，在符合逃生步行距離的法規下，需將房間開口退回原有樑下，造成所有房間門的方向都需變動，整個格局也得隨之大為調整。

為完全符合所有繁雜的法規規定，又需兼顧屋主的需求與預算。翎格設計師潘怡華將公共空間從方正格局調整為長形，透過內縮電視牆，取消電視櫃與清酒櫃，以僅在下方內凹一長條狀搭配微凸出但不超過柱子的木架，讓主牆更為乾淨清爽。加上將吊隱冷氣設備藏於規劃為餐廳兼工作桌的前區空間樑下，加大的樑讓餐廳有獨立區塊的感覺，同時可讓客廳天花整個挑高，創造出公共空間的寬敞與層次感。

將屋主挑選的既有尺寸書櫃安排於走道，取代原先規劃的L型書櫃，具視覺穿透的一格格書櫃，讓廊道不只有行走的功能，隨著屋主的隨性擺放，更能增添生活感，也讓空間更寬敞。以大面積景觀窗取代原有的橫拉窗，讓屋主喜愛的窗外大片視野得以入內，就像屋主所言：「工作很累一回到家，坐在前陽台一覽窗外一望無際的視野，就覺得很放鬆。」簡簡單單、清清爽爽的空間，有一種清透淨美，這就是設計師潘怡華的清美學，適度留白不做滿，讓空間更有自由度、更有彈性，家，就會越住越有味道。

1.吊隱冷氣藏於前區空間樑下，加大的樑為餐廳製造框景，讓客廳整個挑高。2.主臥窗前規劃休憩空間，盡覽窗外一望無際視野。3.留白不做滿，留給屋主恣意擺設，給家獨特的味道。

提案B重點解析

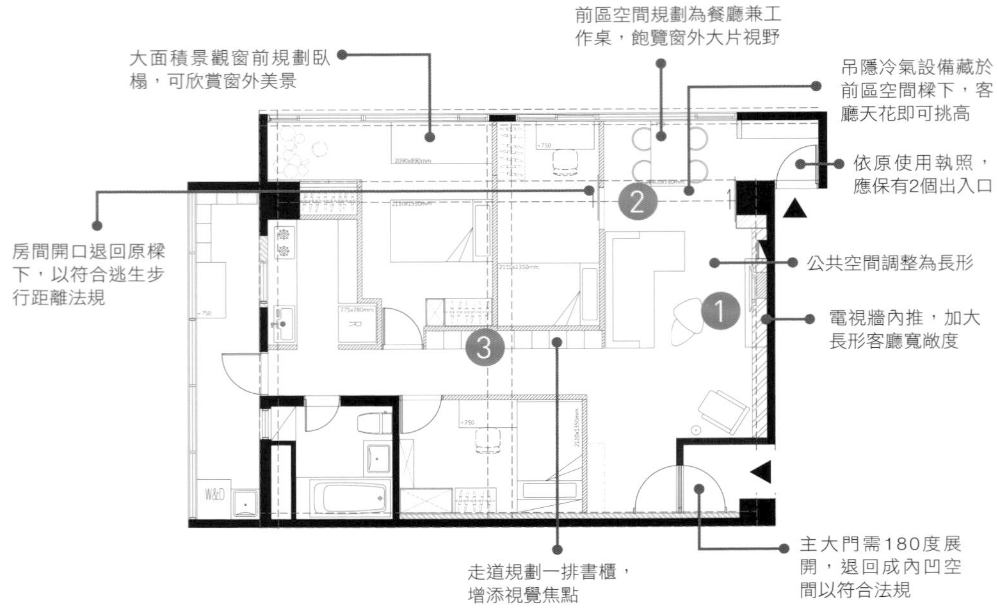

1 / 電視牆內縮＋下方包覆長條凹槽

空間純淨輕透

為符合原建築圖全部法規，雖將原規劃方正格局的公共空間調整為長形，然而透過內推電視牆加上僅於下方包覆長條凹槽微凸木架，更為乾淨單純的主牆，加大客廳深度，也讓空間回歸簡單質樸調性。

2 前區空間樑下藏設備＋大片景觀窗

獨立區塊坐擁窗景

拆除原來為修飾樑而整個包覆的低矮天花，並以吊隱式冷氣取代壁掛式，將設備藏於前區空間樑下，得以讓客廳天花挑高，而加大的樑讓前區空間獨立突顯，搭配大面積景觀窗一望無際的視野，無需過多的裝飾，簡單之中無限迷人。

3 走道規劃格子＋北歐木質書櫃

賦予行走視覺焦點

擁有大量藏書的屋主，早已挑好既定尺寸的書櫃，卻因法規使得原規劃的L型書櫃必須做調整，設計師巧妙地將書櫃改成一排並融入於走道之間，一格格北歐木質感的書櫃，給予視覺穿透、增添生活感。

狹長老屋採光不足，外牆不齊、格局畸零

這是伊可傢俬設計師林育如從小住到出嫁的娘家，常見狹長老舊公寓，採光不足、壁面漏水，潛藏著違害健康問題，使用起來更諸多不便。由於爸爸生病需在家休養，唯有大刀闊斧的翻轉格局，才能提昇生活品質，創造三代同堂的美好新生活。

個案資料暨圖片提供｜伊可傢俬設計．林育如、詹文雄

Before

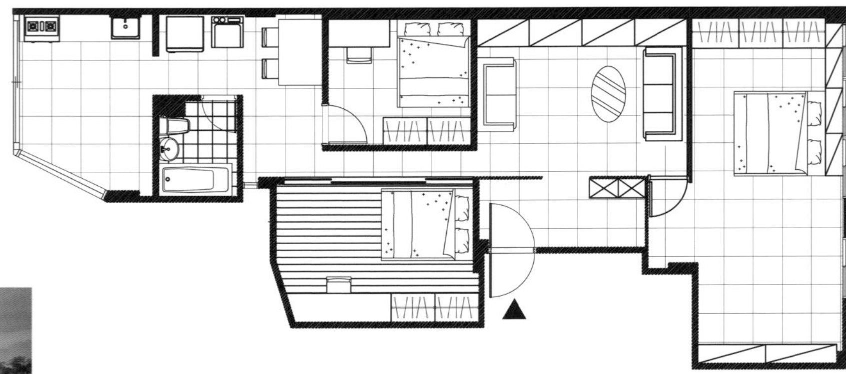

施工前

施工前

【原格局問題】

- ✕ 屋形格局狹長，屋內採光不良，空間昏暗
- ✕ 客廳狹小，電視只能擺在角落，觀看不便
- ✕ 有一條冗長走道，很暗、浪費空間
- ✕ 格局稜稜角角，畸零角很多
- ✓ 公設少、零虛坪、交通便利、生活機能佳

格局重新分配、3房變4房，三代宅更方便更舒適

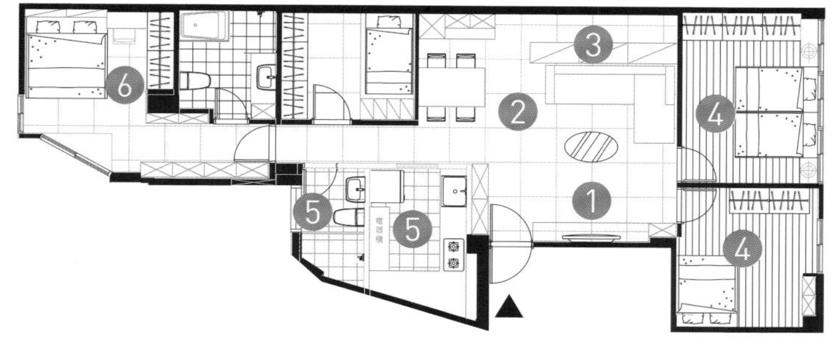

❶ 打掉入口處玄關陽台隔牆，放大公共空間。
❷ 重整公共空間格局，將原在後面的餐廳前移與客廳串聯。
❸ 沙發後方規劃一排高櫃，打造開放式書房。
❹ 將原本過大的主臥室，多隔出一間小孩房。
❺ 將位於後方的廚房與浴室前移。
❻ 原後方的廚房與浴室改成1間套房。

廚衛大調動、客浴靠近客廳，更方便爸爸使用

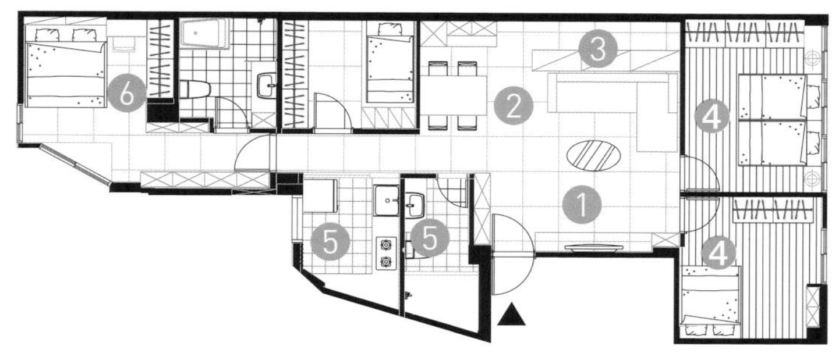

❶ 打掉入口處玄關陽台隔牆，放大公共空間。
❷ 重整公共空間格局，將原在後面的餐廳前移與客廳串聯。
❸ 沙發後方規劃一排高櫃，打造開放式書房。
❹ 將原本過大的主臥室，多隔出一間小孩房。
❺ 將移至前方的廚、衛對調，讓浴室靠近客餐廳與主臥。
❻ 原後方的廚房與浴室改成1間套房。

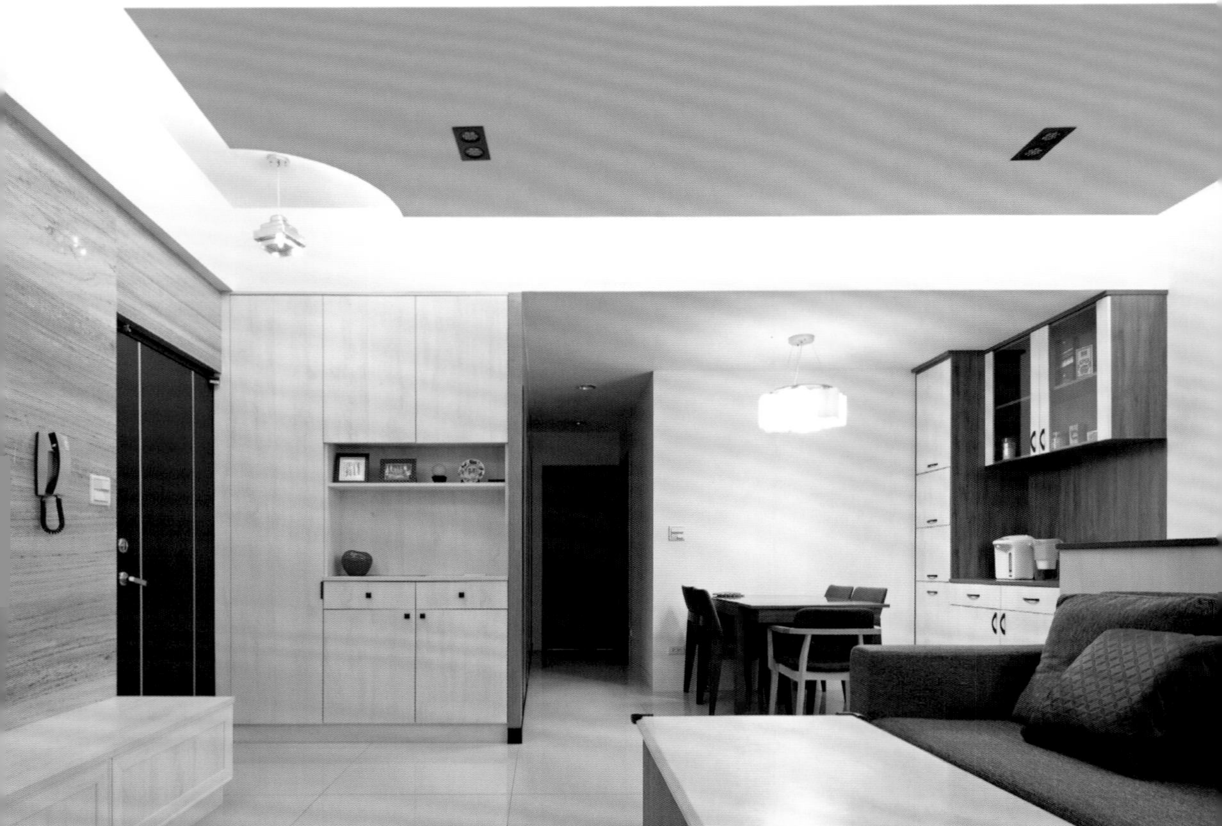

1

選定提案 B

娘家起家厝大翻修，狹長老屋變身，通透舒適三代宅

大刀闊斧翻轉格局，徹底破解漏水、採光不良、動線不便

Case Data

房屋型式｜公寓／30年老屋
家庭成員｜長親夫妻、年輕夫妻、2小孩
室內坪數｜32坪
室內格局｜客廳、餐廳、廚房、長親房、主臥（含衛浴）、客浴、2小孩房
主要建材｜大理石、木皮、茶鏡、系統櫃

設計，不只是設計房子，而是重新規劃人的生活！這是伊可傢俬設計師林育如、詹文雄的設計理念，更是林育如改造娘家起家厝的用意。由於爸爸身體不好需在家休養，住了三十幾年的老房子問題很多，漏水、壁癌、牆面油漆與壁紙剝落，空間昏暗、動線不順，住起來對身體不好，更不適合行動不便的爸爸居住。本想換屋，但這是父母親從挖地基時就買了，很有感情捨不得，從年輕住到老也很習慣周遭環境。於是，經過無數次的溝通與爭執，林育如笑説改造自己娘家，比做客戶的家還不受尊敬。

打掉一進門的前陽台，以收納兼具展示的櫃子當玄關，並與客廳及前移的餐廳，統整成開放式公共空間，搭配流沙般的大理石電視牆、沙發背後規劃而成的高櫃吧台開放式書房，讓原本狹小只能將電視擺在角落不方便觀看的客廳，以及位於後面大家都不使用的餐廳，統整改造為具多元機能、三代共享的通透寬敞公共空間。

將衛浴前移而不規劃於長親房，可讓行動不便的爸爸不會都待在房間，不管在客廳或主臥都很方便進出衛浴空間。把原本過大的廚房位置規劃成哥哥與嫂嫂的套房，為年輕夫妻打造一方新天地。藉由擴大公共空間縮短原本冗長走道，再將衛浴、廚房的門片隱藏於走道，透過茶鏡與木紋穿插拼接，放大空間視覺效果，並修飾掉走道的存在。透過將整個格局重新分配，巧妙從前、後兩側引進充足採光，狹長老屋搖身一變為明亮寬敞、動線順暢、使用機能齊全的舒適三代宅。

1.格局大挪移，餐廳前移與客廳串聯，開放公共空間狹長老屋蛻變寬敞明亮。2.將原位於底端的廚房，搖身一變為套房，替兄嫂打造新天地。3.明亮色彩與移動式家具，小姪子長大可換大一點的床。

2

3

提案B重點解析

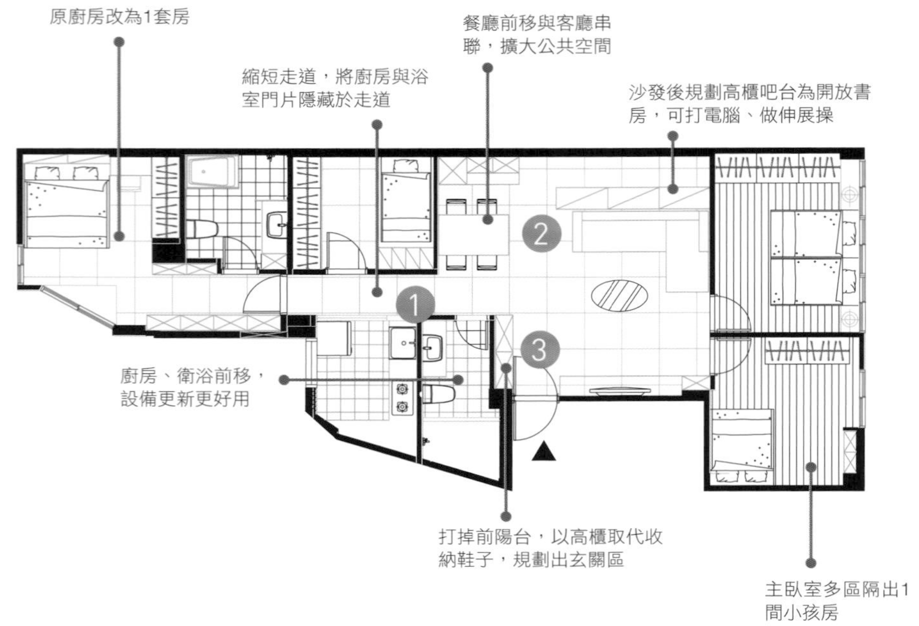

1／內藏廚房、衛浴門片＋外貼茶鏡、木紋

冗長走道消彌於無形

藉由格局重新調動配置，將公共空間擴大，藉以縮短走道，並巧妙將廚房與衛浴的門片隱藏於走道，以茶鏡、木紋穿插拼接裝飾，原本昏暗、長長的走道，搖身一變為明亮、有功能，給予視覺美感的走道。

2 客餐合一＋高櫃吧台
增加家人互動

將餐廳前移與客廳合一，由於水電全部更新，配電管線比以前小，計算電視深度與沙發擺放空間後，沙發背後規劃一排高96公分的高櫃吧台，可收納、可當書桌，長輩還可在此做伸展運動，成為三代同堂的交流天地

3 拆除隔間牆＋以高櫃取代
空間開闊了

將原本一進門空而無用的前陽台打掉，規劃一收納兼具展示的高櫃，得以整齊收納鞋子，搭配天花板的圓弧造型與投射燈，營造玄關氛圍與功能。而且還可讓出空間給客廳，一進門映入眼簾的整個空間變身為開闊寬敞。

一家五口不夠用，22坪2房格局想變4房

格局提案 PATTERN PROPOSALS

屋齡22年、室內22坪的2房格局，隨著家庭成員遞增，新婚小倆口變成一家五口。空間越來越不敷使用，餐桌變書桌、更衣室變小孩房、餐櫃堆滿雜物、主浴變衣櫃…，究竟如何將2房變4房，滿足一家五口的使用與收納需求、又能兼顧空間舒適度？

個案資料暨圖片提供｜伊可傢俬設計・林育如、詹文雄

Before

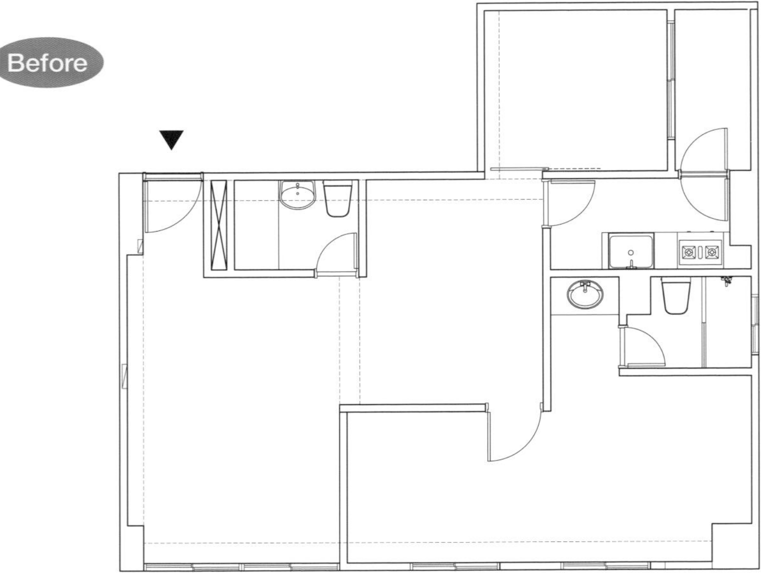

施工前

【原格局問題】

✕ 屋高不高，餐桌變書桌，餐櫃變儲藏櫃
✕ 更衣室擺上下床舖變小孩房，雙方都沒隱私
✕ 主浴掛滿衣服，變儲物間
✕ 廚房窄小，寬度無法容納兩人
✓ 客廳與一面牆有開窗，採光頗佳

滿足4房需求、創造大收納，兼顧空間舒適

剪力牆被舊裝潢包住，沒發現

1. 隔出玄關，區分內外。
2. 隱藏式摺疊餐桌，平常收起讓客廳寬敞。
3. 主臥獨立有主浴、衣櫃，床板架高做收納。
4. 廚房變大，可容納2人。
5. 隔出大小一樣的弟弟與哥哥房間，做天花板化解樑壓床。
6. 姊姊房做架高和室，下面做收納，可兼做客房。

調整床與櫃子＋深櫃，化剪力牆於無形、收納更大

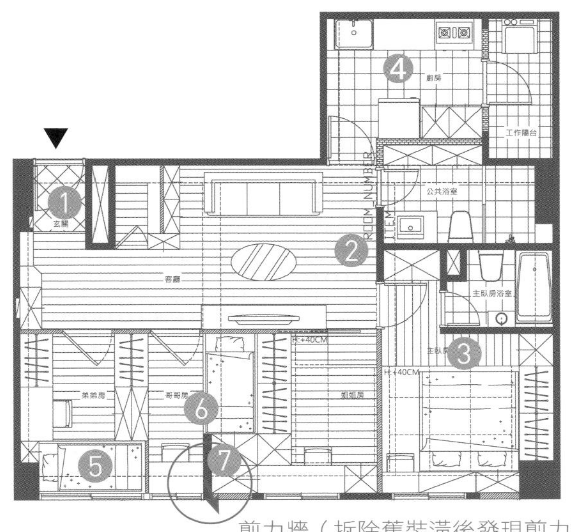

剪力牆（拆除舊裝潢後發現剪力牆不可拆）

1. 隔出玄關，區分內外。
2. 隱藏式餐桌，平常收起讓客廳寬敞。
3. 主臥獨立有主浴衣櫃，床板架高做收納。
4. 廚房變大，可容納2人。
5. 弟弟房樑下放床，做天花修飾並藏吊隱式冷氣。
6. 哥哥房有不能動的剪力牆，空間調成凹狀，仍保有舒適度。
7. 姊姊房做架高和室，剪力牆處設置深櫃搭配抽屜好拿取。

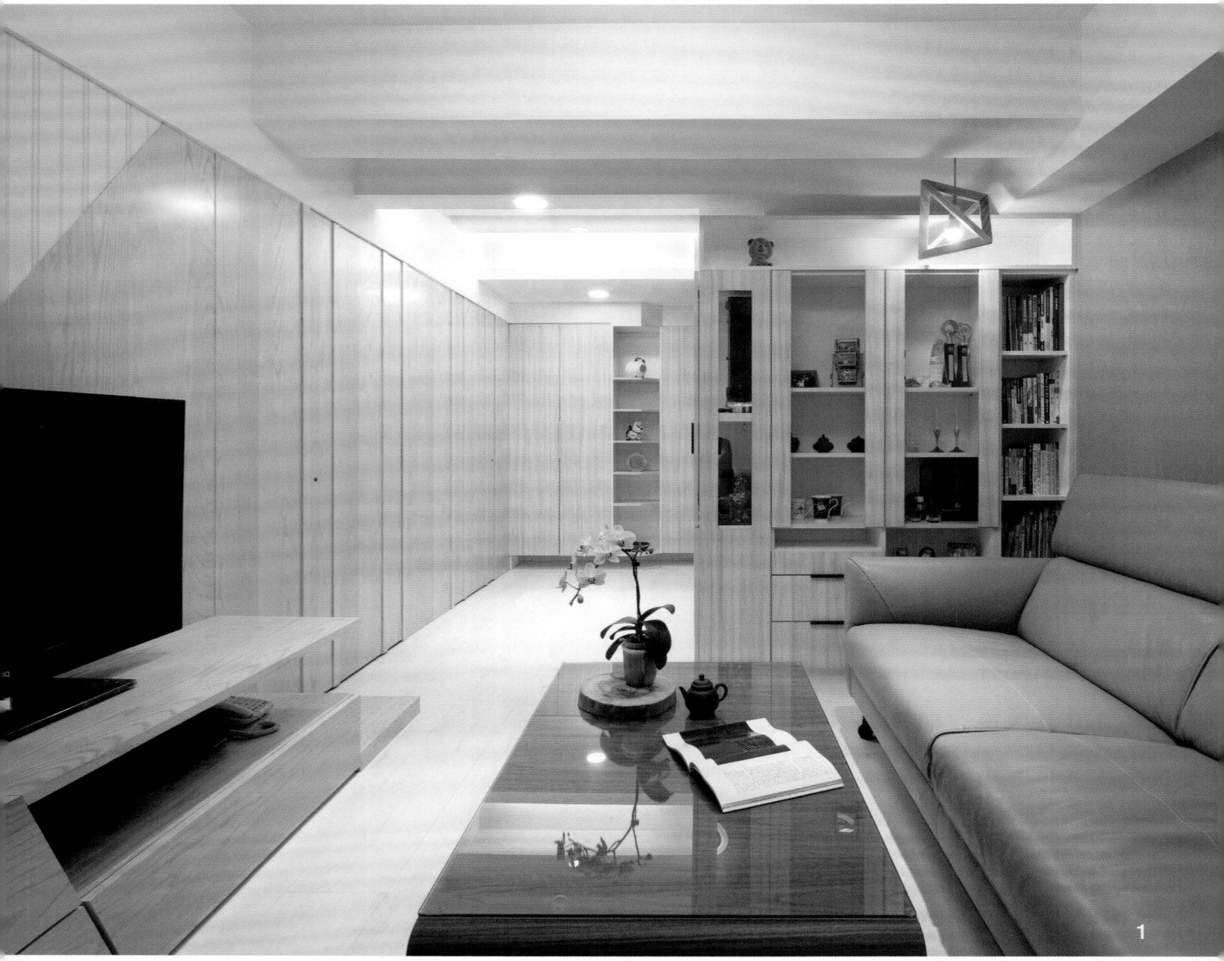

1

選定提案 B

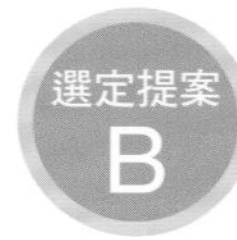

22坪2房變4房 房間變多、空間變大、收納更多

隔出3小孩房，高低天花修樑柱、地板架高做收納

Case Data

房屋型式｜電梯大樓／22年老屋
家庭成員｜夫妻、1女兒、2兒子
室內坪數｜22坪
室內格局｜玄關、客廳、餐廳、廚房、主臥、3小孩房、客浴
主要建材｜橡木洗白、茶鏡、六角拼花地磚、超耐磨木地板、環保健康漆

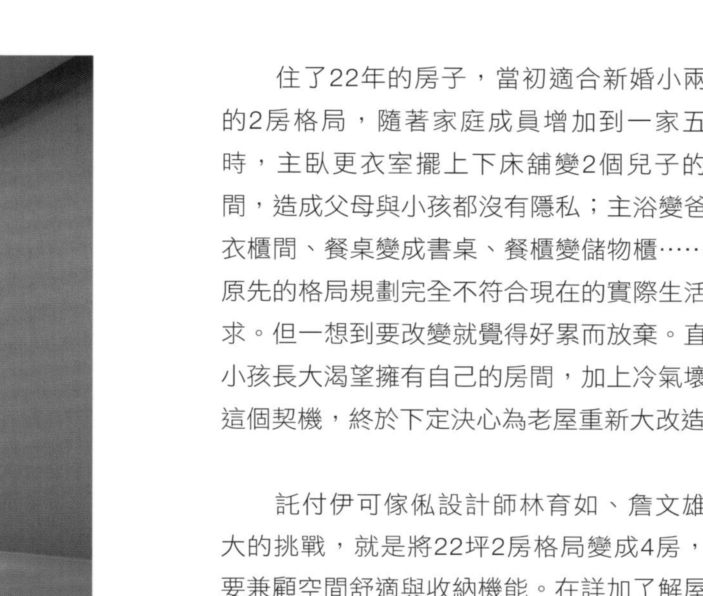

住了22年的房子，當初適合新婚小兩口的2房格局，隨著家庭成員增加到一家五口時，主臥更衣室擺上下床舖變2個兒子的房間，造成父母與小孩都沒有隱私；主浴變爸媽衣櫃間、餐桌變成書桌、餐櫃變儲物櫃……，原先的格局規劃完全不符合現在的實際生活需求。但一想到要改變就覺得好累而放棄。直到小孩長大渴望擁有自己的房間，加上冷氣壞掉這個契機，終於下定決心為老屋重新大改造。

託付伊可傢俬設計師林育如、詹文雄最大的挑戰，就是將22坪2房格局變成4房，且要兼顧空間舒適與收納機能。在詳加了解屋主全家人的習慣與需求後，發現平日回家都很晚，只有假日在家，在家用餐時間很少。因此便以「隱藏式摺疊餐桌」取代固定的餐桌，讓出空間給客廳。

再藉由格局的調動與重新分配切割，將格局一分為二，一半公領域、一半私領域，並將私領域分割為3間差不多大小的小孩房及1間較大的主臥，搭配將4間房門裝貼橡木染白的隱藏門設計手法，賦予空間簡潔清新與拉高空間的視覺感受，完美創造出4房，並兼具空間的寬敞與舒適度。

靈活運用高高低低的天花板修飾僅有205公分的屋高和60公分的大樑柱，解決原本沒設想拆除後才看到卡在哥哥房間的剪力牆。調整2個兒子房的衣櫃與床的配置，加上架高地板當床架，巧妙創造超強收納空間。無印結合北歐風的客餐廳，為一家人創造輕鬆舒適的交流場域，生活也因格局的大改造而變得更好！

2

3

1.格局重新分配，公、私領域一分為二及隱藏房門的設計，創造空間寬敞度。2.茶玻、六角復古磚與小鳥吊燈的相得益彰，營造回家第一步的好心情。3.因應不可拆剪力牆做一深櫃，搭配小抽屜方便拿取，也滿足姊姊收納小首飾的需求。

提案B重點解析

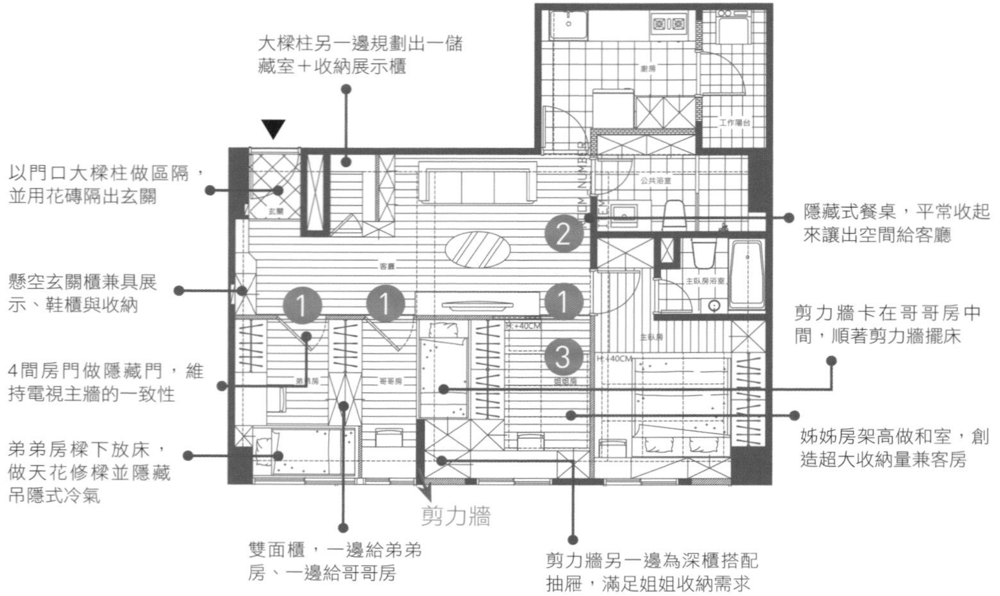

1 格局一分為二＋隱藏門

隔出4房、客廳寬敞舒適

翻轉格局，將格局一分為二，並把一半私領域隔出3間小孩房與主臥，透過隱藏門的設計手法，4間房門皆裝貼與電視主牆相同的橡木染白，巧妙隔出4房，同時賦予客廳視覺一致性，營造空間的清新爽朗與舒適度。

2 隱藏式摺疊餐桌 讓出空間給客廳

同時擁有餐廳功能

設計師考量屋主一家五口只有假日在家用餐，於是將餐桌隱藏起來，平常不用收起來為客廳爭取最大的寬敞度，要用的時候將摺疊餐桌架起，即可變出餐廳，靈活的複合式功能，有限坪數創造出最大坪效。

3 架高地板＋抽屜櫃＋上掀櫃

創造超大收納容量

因應外婆會回來同住的需求，以及拆除之前裝潢後發現卡在房間的剪力牆，架高地板做和室，兼具客房功能，並以抽屜與上掀櫃，創造超大收納空間。而修飾剪力牆畸零角落的深櫃，搭配抽屜，滿足姊姊收納小東西，更易於拿取。

CH 3

85個案，
7大不良格局改造實例！

個案篇

- 【不良玄關】改造個案
- 【不良客廳】改造個案
- 【不良餐廚】改造個案
- 【不良主臥】改造個案
- 【不符合房間數】改造個案
- 【狹長屋】改造個案
- 【夾層屋】改造個案

化除穿堂煞
收納展示兼美型屏櫃

"雙拼屋沒有獨立玄關，
入門直視客廳落地窗，犯了穿堂煞。"

Before

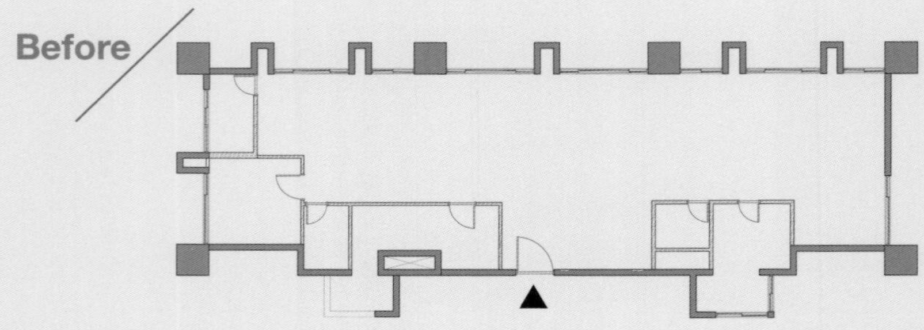

After

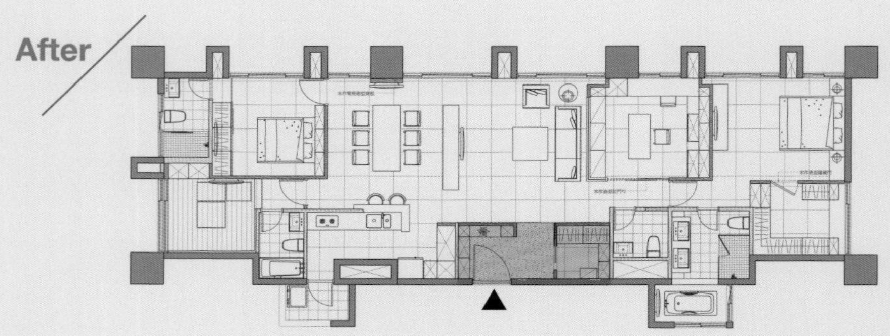

01

【原格局問題】

× 雙拼格局，無規劃玄關，少了內外之分

× 入門無隔屏，直望落地窗有風水穿堂煞問題

✓ 新成屋新建材不必換新，節省預算

高櫃＋豹紋壁布＋黑白龍紋石
營造尊貴大器玄關造景

格局改造重點

STEP 1 霧玻隔屏半高櫃化解穿堂煞又引光

玄關鋪設黑白龍紋大理石地磚，搭配豹紋壁布半櫃、霧玻隔屏，收納、展示、隔屏兼具，半櫃上方適合擺放精挑藝術品，壁面後也是滿滿收納櫃，細膩質材紋理鋪陳出視覺的精采大度，巧妙化解穿堂煞，將空間內外定調而出。

STEP 2 入口右側設衣帽間創造超大收納空間

利用大門入口旁的廚房與客浴兩道背牆間的畸零區塊，作為玄關區規劃，入門右側為一大容量獨立儲物衣帽間，儲放多雙鞋子與大型行李箱等物品，創造超大收納空間。拉門設計輕鬆開關，門片以純白水平勾縫勾勒現代高質感端景。

Case Data｜電梯大樓・新成屋・55坪・3人
個案圖片提供｜伊可傢俬設計・詹文雄、林育如

加長玄關走道 營造美術館廊道氛圍

> “一進門玄關很小，房子短又不實用，感覺玄關根本不夠用。”

Before

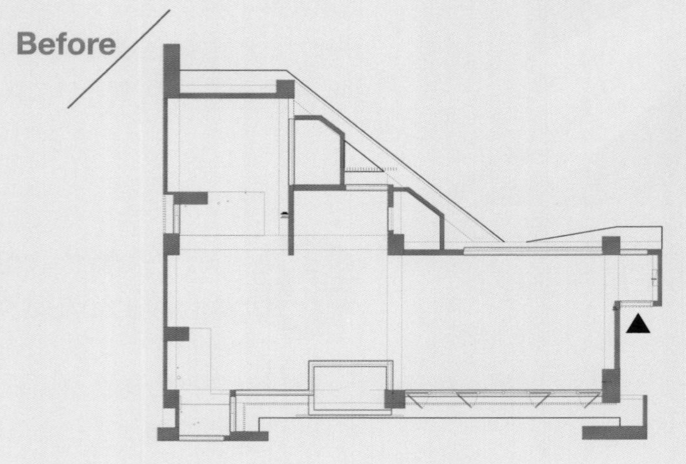

【原格局問題】

✓採光明亮，視野很好，一邊水景、一邊山景

✕雖然房子很明亮，但是東晒又西晒

✕進門玄關很小，收納機能不夠

After

02

延伸＋光影＋形隨機能
打造夢幻藝術長廊藏收納

格局改造重點

STEP 1 結合彈性客房延伸玄關長廊

這個建築基地長12米，但寬才5米，且每個空間配置並不方正，尤其是玄關過於短小，導致鞋櫃等無處可收納。將玄關結合一間彈性客房做整合，拉大玄關廊道，同時增加收納空間，在此創造並隱藏大量鞋櫃及收納櫃。

STEP 2 復古鏡、古典線板隱藏收納的迷幻廊道

一入口玄關壁面，裝飾一大面解構火焰圖紋的復古鏡面，底下巧妙隱藏總開關箱與鞋櫃。玄關長廊以古典線板，搭配東邊運用框景設計，落地窗以雕花畫框處理，讓戶外山水入室，雕塑出歐洲美術館廊道氛圍。

Case Data｜電梯大樓・新成屋・30坪・2人
個案圖片提供｜大湖森林設計・柯竹書、楊愛蓮

拿掉陽台落地窗
輕北歐風玄關引光入內

“老舊大樓前陽台堆放太多雜物，
一進門就顯得雜亂，光線又被擋住。”

Before
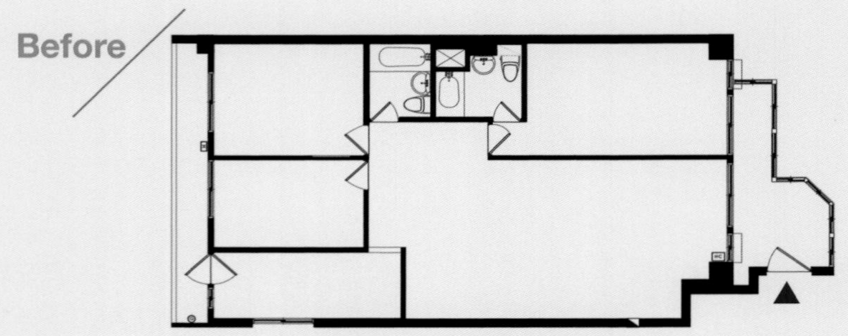

After
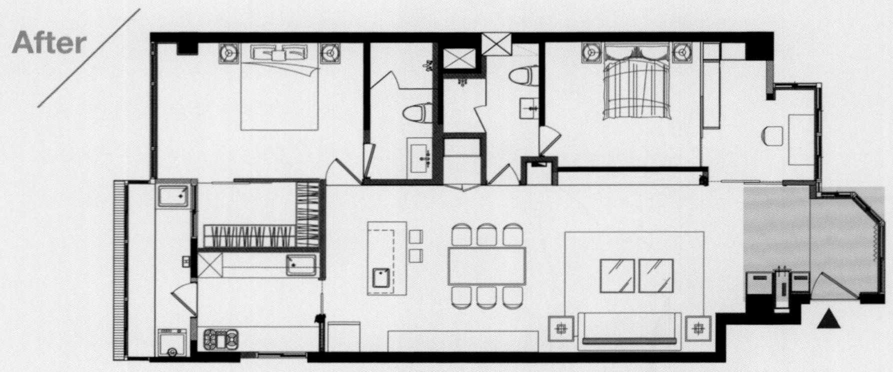

03

【原格局問題】

✕ 舊大樓沒有玄關，只有前陽台配置

✕ 進了大門，多一道落地窗阻擋光照入

移除落地窗＋鋪復古六角磚
不同地材，界定玄關增加風味

格局改造重點

STEP 1 不拆牆只拆落地窗 前陽台化身美型玄關

原本前陽台為不規則狹長型，不僅影響光線照入，也成為堆放雜物區。將陽台整片落地窗拆除，使用前段不規則區規劃為玄關，並利用往客廳轉角巧立純白落地櫃，採光倍增，更形成清爽北歐風格端景與收納效用。

STEP 2 鋪設復古六角磚 區分玄關與客廳

呼應整體空間輕北歐風調性，玄關特意挑選與客廳梧桐風化木紋相近色系、不同色階的灰白相間復古六角磚，區隔出內、外之分。採光後，一室的明亮照映在自然感質材上，更顯得清新又有風味。

Case Data｜電梯大樓・25年老屋・30坪・2人
個案圖片提供｜陶璽設計・林欣璇

二進式玄關 純白格狀門片化身優美廊道

“玄關入門處呈不規則形狀，加上櫃子高高低低，零亂、光線不佳。”

Before

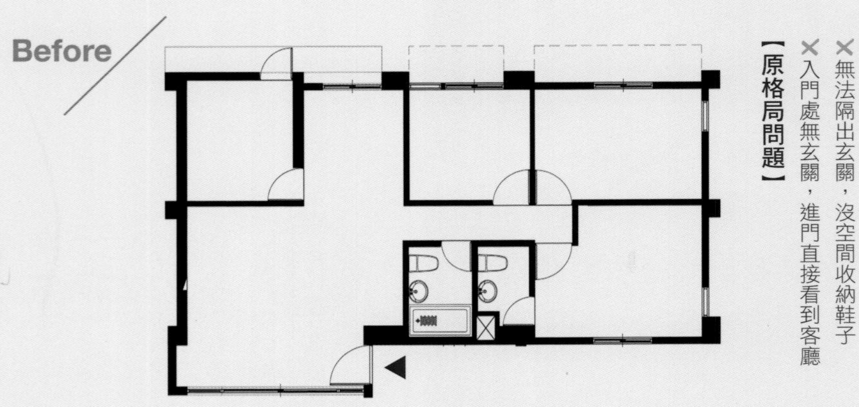

【原格局問題】

✕無法隔出玄關，沒空間收納鞋子

✕入門處無玄關，進門直接看到客廳

After

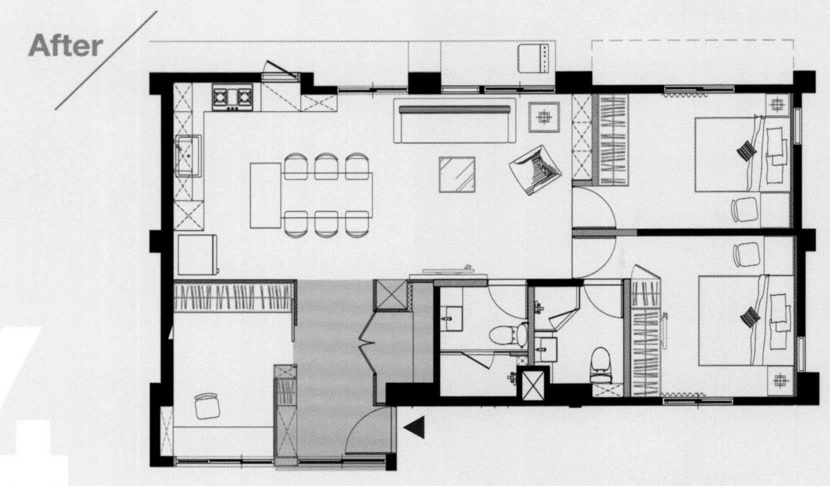

04

玄關收納多，廊道引出鄉村風格

木百葉櫃＋格狀門片＋復古花磚

格局改造重點

STEP 1 玄關轉向、天花降板 二進式界定新廊道

老屋沒玄關也沒收納，透過格局大變身，於入口處規劃出二進式玄關，第一進踏進大門後正對純白木百葉櫃，創造收納鞋子的空間；第二進轉向後藉由天花局部降板搭配格狀門片，營造優美廊道，望過去就是女主人最愛的鄉村風格端景。

STEP 2 復古花磚搭配格狀門片 鋪陳鄉村風格的前導

為營造玄關廊道的優美氛圍，復古磚地面佐以中心一排花磚，左邊書房裝設純白格狀門片，右側壁面為呼應特地搭配圓拱格狀對開假門片，對映廊道盡頭可看到的鄉村風餐桌椅與一盞吊燈的端景，打造空間動線與風格承先啟後的重要地位。

Case Data｜電梯大樓．30年老屋．26坪．3人　**個案圖片提供**｜陶璽設計．林欣璇

雙動線玄關設計
居家生活更添多元魅力

"家裡雜物太多，到處堆滿東西，
一進門全部看光光，沒隱私沒安全感。"

【原格局問題】

✕客廳電視擺放位置很奇怪，使用起來很不方便

✕沒有玄關，一進門室內一覽無疑，缺乏隱私

Before

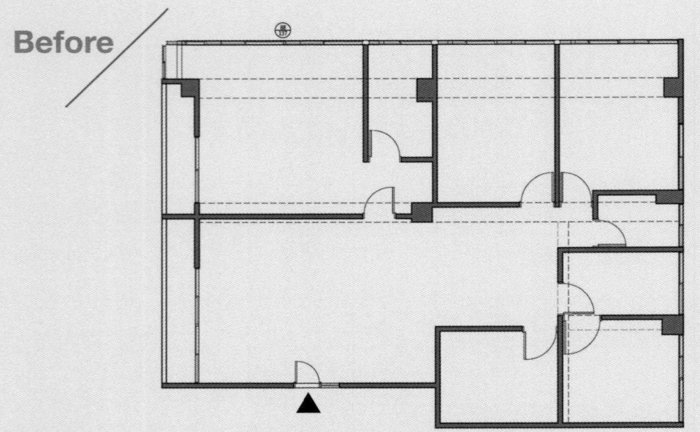

After

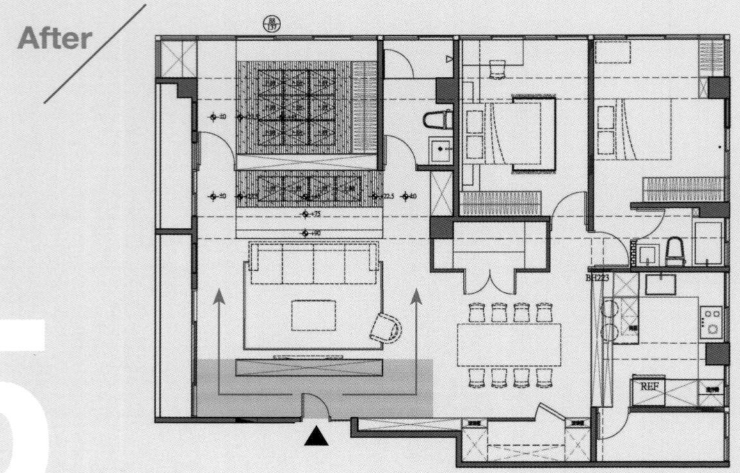

05

驚豔雙面櫃，開放空間純白美學
玄關櫃電視櫃合一＋引導動線

格局改造重點

大型玄關櫃
創造雙動線

公共區域長形格局加上屋齡老舊，導致動線混淆不清且物品無處擺放，設置大型玄關櫃，既能夠收納眾多鞋子物品，也能遮擋視線，不讓屋內情況被外人一眼看穿，也能引導賓客從兩邊分別前往客廳及餐廚區，突顯住家清晰格局動線。

STEP 2

一櫃二用
玄關櫃也是電視櫃

原本客廳沒有規劃電視主牆，而是將電視放在靠窗處，看電視時會因背光導致眼睛不適，新的玄關櫃背面即做為電視牆使用，大幅提升空間便利性，並且櫃面還特意留出X型孔洞，除了讓鞋櫃保持透氣，也達到視覺美化的功效。

Case Data | 電梯大樓 · 30年老屋 · 40坪 · 5人　**個案圖片提供** | 構設計 · 楊子瑩

06

多功能玄關 消彌穿堂煞結合吧台

“一進門看見落地窗，犯了穿堂煞，如果不化解心裡很不安，讓人心慌。”

【原格局問題】

✕沒有地方收納鞋子或擺放珍藏藝術品

✕缺乏玄關進門直接看到客廳落地窗，犯穿堂煞

Before

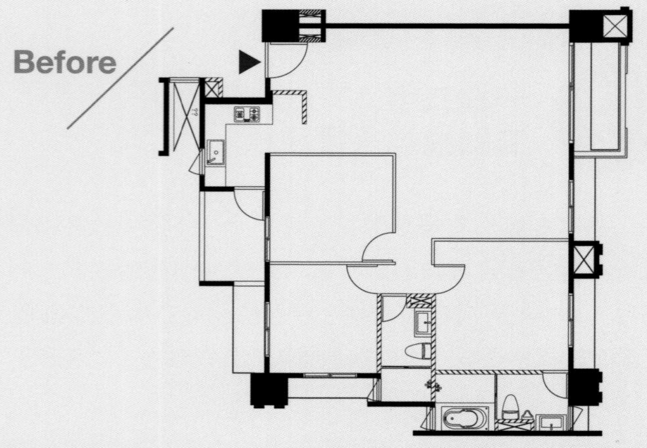

After

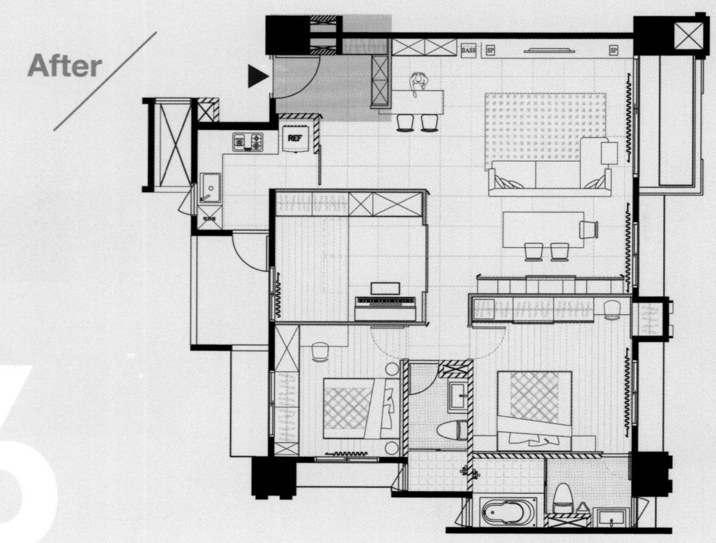

實用又挑高，開啟玄關新貌
穿衣鏡＋多格收納＋藝品展示

格局改造重點

一櫃多功能 實用美型又擋煞

原本格局並沒有規劃玄關，但屋主對於進門直視落地窗感覺相當不安，順著動線設置一座櫥櫃，左邊兩扇門片後方是衣櫃、右邊上下櫃為鞋櫃，中央處留出藝品展示區，櫃體下方不做滿，除了透氣，搭配間接光源，鋪陳輕盈空間感。

STEP 2

結合吧台 豐富生活面貌

玄關除了化解風水禁忌之外，也擔任串連不同區域性質的關鍵角色，入口旁的大片穿衣鏡突顯玄關過渡空間功能，讓屋主在出門前可以輕鬆整理儀容。此外，玄關櫃也與吧台相結合，令吧台可以向客廳延伸，創造出悠閒愜意的生活形象。

Case Data｜電梯大樓．新成屋．36坪．3人　**個案圖片提供**｜簡致制作．劉建佑、魏曉湗

形隨機能而生
擴增玄關區開門見書卷

“推開大門就看見一堵牆，感覺不好，沒有地方可坐著穿鞋，也讓人很苦惱。”

【原格局問題】

✕缺乏玄關，沒地方收納鞋子

✕一推開大門直接進客廳，希望有內外之分

07

書中自有黃金屋的瀟灑魅力
設置書牆＋黑玻牆壁＋通透格局

格局改造重點

STEP 1 牆面實變虛 迎來人文氣息

屋主不喜歡原始格局一進門就直面牆的感覺，認為限制空間的想像力，於是拆除隔間牆，換上視野穿透的黑色玻璃，牆後的房間也改造成書房，牆前另外規劃書架，擺滿屋主喜愛的書籍，也與書房相得益彰，營造清新獨特的玄關風景。

STEP 2 好看也實用 多元機能區域

玄關除書架外也規劃座位，讓人能夠坐著穿鞋或閱讀，鞋櫃則隱藏在座位旁邊，只要一伸手就可以輕鬆拿取收納鞋子，座位後方牆壁刻意開鑿孔洞，放置屋主珍藏的藝術品，牆面上下安裝嵌燈與間接燈，令此區不管白天黑夜都一樣美麗。

Case Data｜電梯大樓．20年老屋．38坪．3人　**個案圖片提供**｜天昱設計．吳典育

拉齊、反射、透光 45度角畸零屋的時尚美學

“玄關入門處呈不規則形狀，加上櫃子高高低低，零亂、光線不佳。”

Before

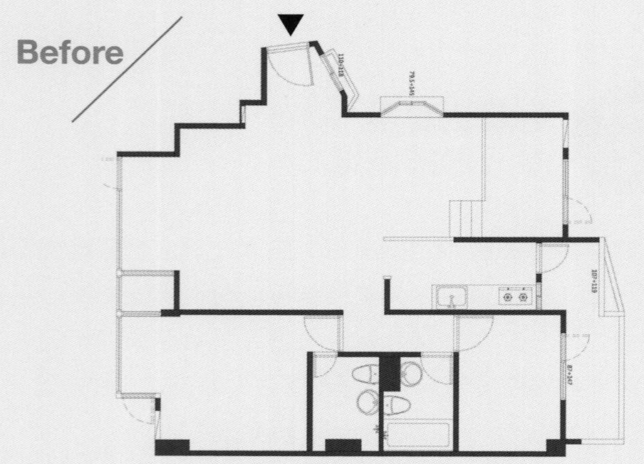

【原格局問題】

✓窗戶多，各個空間都很明亮

✕畸零空間太多，不好規劃

✕大門呈45度角，玄關形狀不完整

After

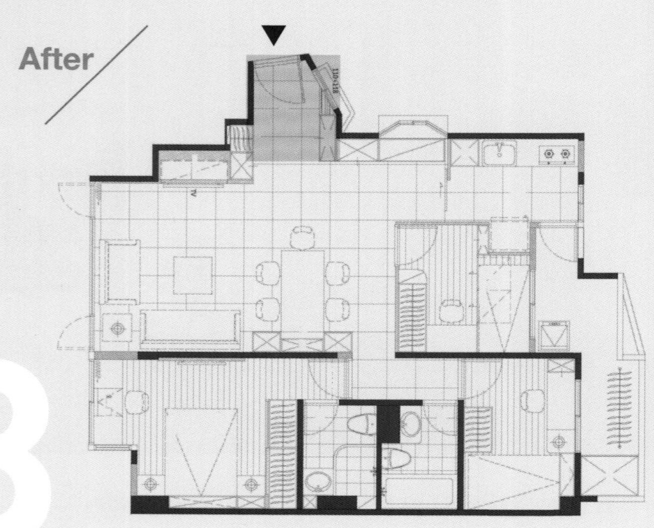

08

破除不完整大門畸零空間
運用櫥櫃整合拉齊

格局改造重點

翻轉電視牆 與玄關櫃結合

這個中古屋最大問題在於一進門的畸零空間很多，再加上45度大門的原始建築結構，導致玄關難以規劃。因此將原本客廳反轉，把電視牆與玄關櫃體結合，拉齊一進來的面，從玄關延伸至客廳，並把玄關端景延伸至餐廳主牆，讓視野更寬敞。

STEP 2

穿鞋椅＋茶鏡玻璃 保留採光放大空間

礙於玄關左側有一扇一樣斜45度的採光窗，因此設置穿鞋椅收邊，緊接鞋櫃延伸至轉角的餐廚櫃設計做整合，而玄關右側的牆面則運用茶鏡做儀容鏡，不但放大一進門的空間感，同時也將自然光源反射至室內。

Case Data | 電梯大樓 · 中古屋 · 26坪 · 4人　**個案圖片提供** | 采金房室內裝修設計 · 林良穗

增設玄關櫃 讓客廳更完整，連結內外

“沒有可以關上的窗，玄關常佈滿灰塵，另外過時的磁磚，看起來也相當廉價。”

Before

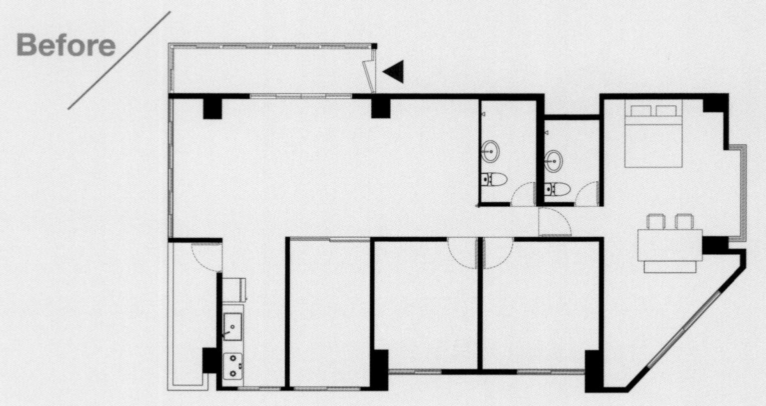

【原格局問題】

✕地坪白色磁磚缺乏美感，整條長廊陳舊過時

✕玄關等於是半戶外陽台，很容易堆積灰塵

After

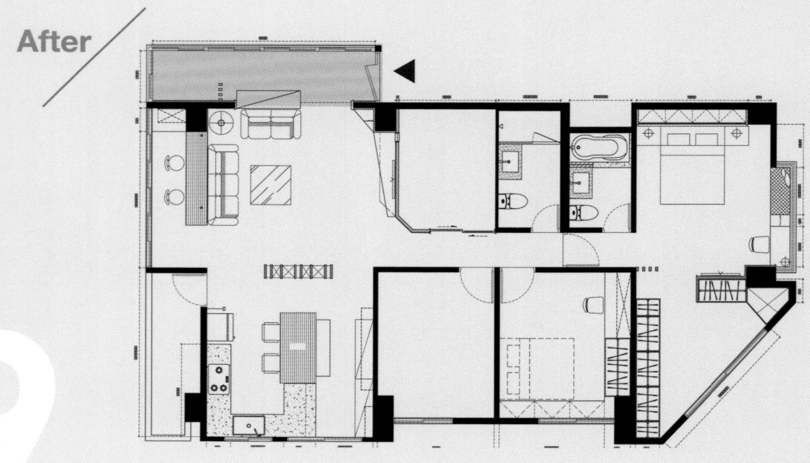

09

簡約俐落語彙，模糊內外視野

更換磁磚＋加裝窗戶＋設置鞋櫃

格局改造重點

STEP 1 不只內在改造 空間機能重新定義

大刀闊斧將玄關牆壁及地面原始磁磚全部換掉，天花也重新油漆，讓牆壁與天花保持純白景觀，地面則採用赭紅色大片復古磚，營造強烈的視覺感受，同時與壁面及天花形成明顯對比，不僅強化空間存在感，也替室內外串連打好基礎。

STEP 2 室內外合而為一 過度區域蛻變重生

直接將玄關與客廳之間的門框拆除，以一座鞋櫃作為兩空間的象徵性分隔界線，花架也加裝窗戶，免除灰塵堆積，透過這樣子的規劃，讓玄關不再是陽台的分身，而是公共區域的延伸，保留本身的獨特機能，也讓客廳更加完整。

Case Data | 電梯大樓．10年中古屋．38坪．2人　**個案圖片提供** | 天晴空間設計．陳怡如

正視使用者需求 結合餐廳和玄關功能

"一進門就看到廚房，有風水顧慮，電器沒地方擺，傷透腦筋。"

Before

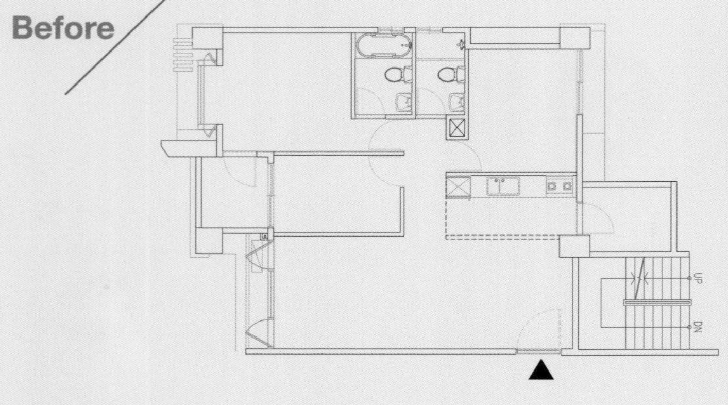

【原格局問題】

✕一進門就會直接看到廚房，犯了風水禁忌

✕廚房呈一字型構造，沒有擺放家電設備的空間

After

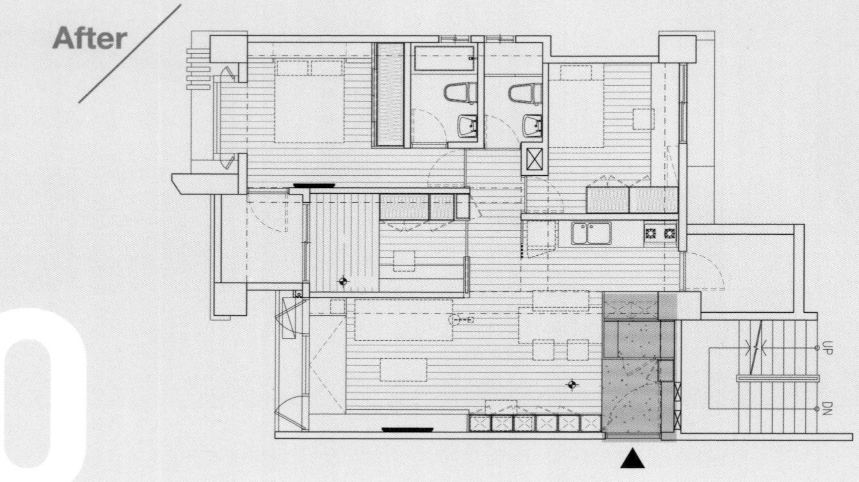

10

格局改造重點

STEP 1 多樣化功能 生活更便利

除了儲物櫃之外，玄關還具有更多的功能，地板拆除原始磁磚，改鋪水泥粉光，並刻意留出高低差，打造完美落塵區。另外規劃穿鞋椅、鞋櫃，讓全家人都能輕鬆坐著穿鞋，牆壁也規劃掛勾可懸掛外出服與包包，完整提升生活便利性。

STEP 2 一座儲物櫃 避免開門見灶

女主人希望擁有開放式廚房，也依此進行客變，但也導致一開門就會直視廚房的尷尬情況。在入門處設置一座儲物櫃，背面成為廚房電器櫃，櫃體側面以文化石修飾，這樣一來不僅阻隔視線，自然形成一處玄關，賦予空間更多靈活變化。

多元機能＋文化石牆＋儲物強化

實用美觀兼顧，玄關不只是玄關

Case Data｜電梯大樓・新成屋・30坪・4人

個案圖片提供｜裏心設計

公私領域有明確分隔 兼具美觀與機能的玄關

“進門直接看見廚房，沒有安全感，外出的鞋子、衣物也沒有地方擺放。”

Before

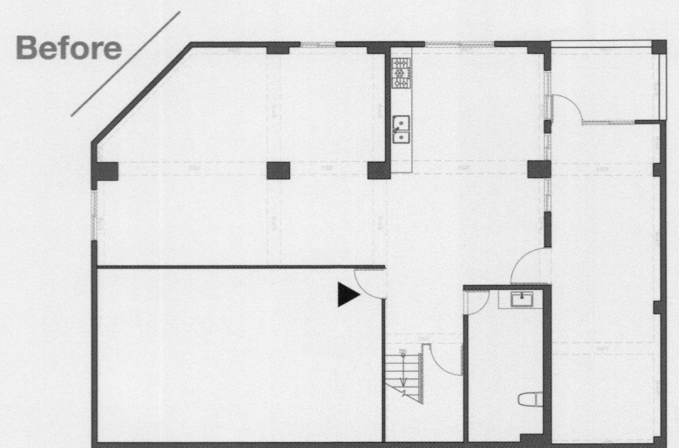

【原格局問題】

×沒有玄關導致整體動線混亂，公私領域無分隔

×一進門直接看到廚房，犯進門見灶風水禁忌

After

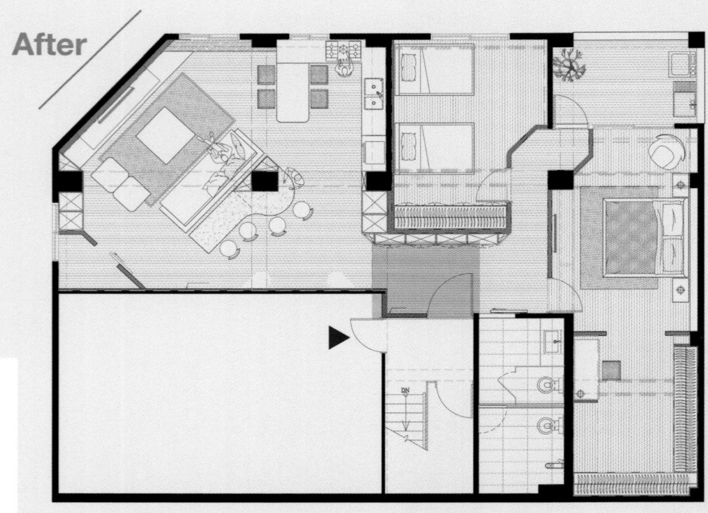

11

加裝鞋櫃＋強化機能＋重整動線
打造視覺美學，消除風水禁忌

格局改造重點

STEP 1 從無到有 規劃大容量鞋櫃

由於所在基地為住商混和大樓，因此室內格局本是設定為辦公室使用，並不符合住家需求，為了改善一進門直視廚房的風水禁忌，一方面將廚房移位，二來設置大型鞋櫃，利用櫃體阻隔視線，並順勢隔出玄關，鞋櫃也具備完整實用機能。

STEP 2 複合式設計 美觀與實用並重

玄關櫃除了能夠收納多雙鞋子之外，同時在表面留下大小不一、數量眾多的圓形孔洞，不僅營造視覺上豐富的美學層次，也擁有透氣功能，讓鞋子不會因為久放而出現悶臭情況。六角形的白色圖案更形塑完整流暢的視覺效果。

Case Data｜電梯大樓．20年老屋．35坪．4人
個案圖片提供｜子境設計．古振宏

雙斜面造型天花板 提昇客廳高度俐落流線

“ 橫跨客、餐廳有一隻十字大樑，舊裝潢包樑導致天花板很低、空間壓迫。”

【原格局問題】

×十字大樑橫貫客、餐廳，為包樑天花板很低

×屋高最低點只有兩米一，低矮、光線進不來

Before

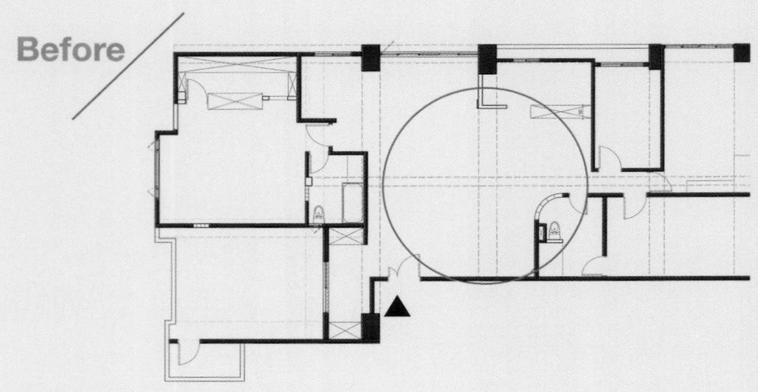

After

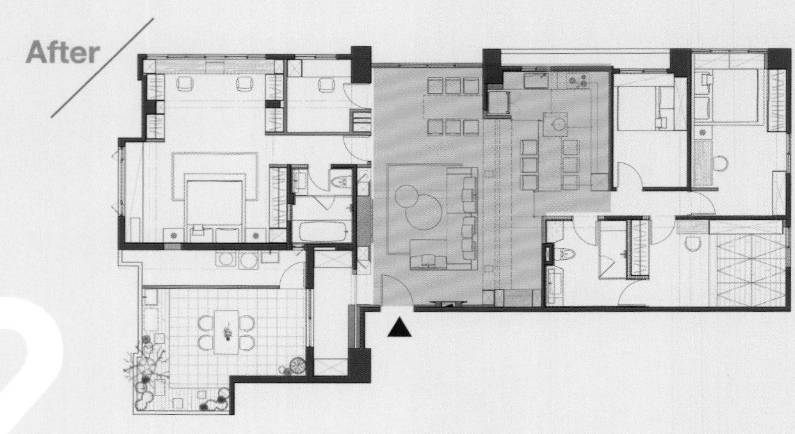

12

空間寬敞互動，打造時尚三代宅

黑白配色＋造型天花＋開放設計

格局改造重點

拆除舊有低矮天花 對稱斜降天花包樑有型

天花板分別於客廳左右端往空間中心點斜降，剛好包住交會在橫貫客廳上方的大樑，巧妙化解舊格局低矮天花板造成空間的窘況，讓整個開放的客、餐、廚空間寬敞有型，即使坐在客廳往兩端望出，天花板看起來還是一片舒服平坦。

STEP 2

黑框意象裝飾十字樑 界定客餐的美型元素

客餐廳交界處有一支十字大樑橫貫，為保有原始高度，於是利用區域的界定，以深黑框線裝飾天與壁，直接凸顯客餐之間的過渡與分界，站在電視牆面往餐廳看去，黑框之後是一幅黑白相間的料理風景。

Case Data | 電梯大樓 · 35年老屋 · 62坪 · 4人 **個案圖片提供** | 奕所設計 · 李軍漢

不良玄關・**不良客廳**・不良餐廚・不良主臥・不符合房間數・狹長屋・夾層屋

讓樑外露，區域分割好 老屋變身敞開新高度

“40年老屋客廳天花板做得很低，光線進不來，又暗又壓迫感覺不舒服。”

Before

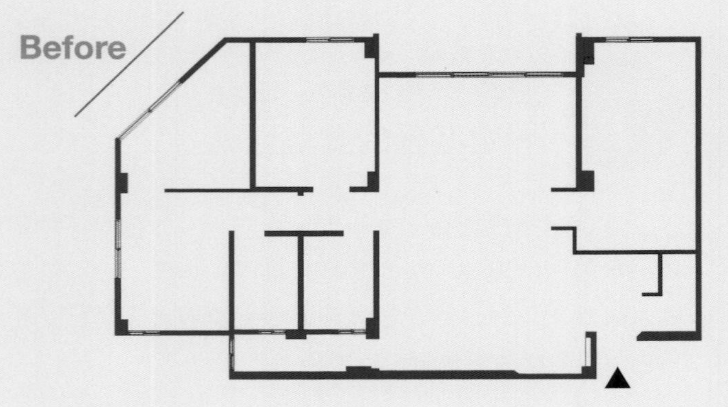

【原格局問題】

✓舊式公寓零虛坪

✕入口很低很小，無法做玄關

✕為包大樑天花板做很低，全室低矮又暗

After

13

客廳復原高度，大樑化為造型層次
純白壁面＋主牆收納＋隱藏門

格局改造重點

STEP 1 拆除低矮舊天花 裸露樑柱化為量體

採光與收納是業主對於客廳的兩大要求，不佳的採光來自於過低的天頂，第一步先拆除舊天花板還原本來高度，露出的樑柱不刻意藏起，而是將線條修整成簡單層次且與壁面裝飾刻痕連結，乾淨俐落的成為貫穿整個客餐廚的幾何趣味。

STEP 2 電視牆隱藏臥室門 主牆延伸玄關美型收納

高挑格局搭配整體純白用色，讓光可以漫入室內，電視主牆選用白色，背藏60公分大片儲物櫃，接著向旁延伸隱藏臥室門口，再一路與玄關做轉角連結，形成極大的收納區域，但外觀看起來只是整片美型主題牆，流線乾淨收尾。

Case Data | 公寓・40年老屋・30坪・3人　**個案圖片提供** | 奕所設計・李軍漢

退縮牆面、隱藏門片 狹長客餐廳拉平軸線變開闊

> 客餐區過於狹長，感覺壓迫，沒有多的空間收納餐具與電器設備。

Before

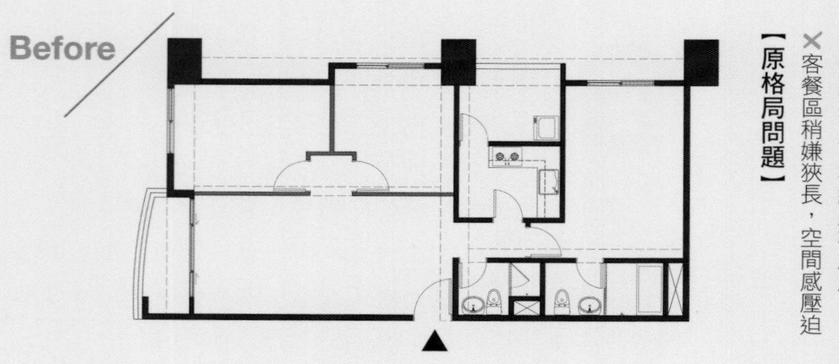

【原格局問題】

✓新成屋，客變改牆節省費用

✕餐廳少了可容納廚櫃之處

✕客餐區稍嫌狹長，空間感壓迫

After

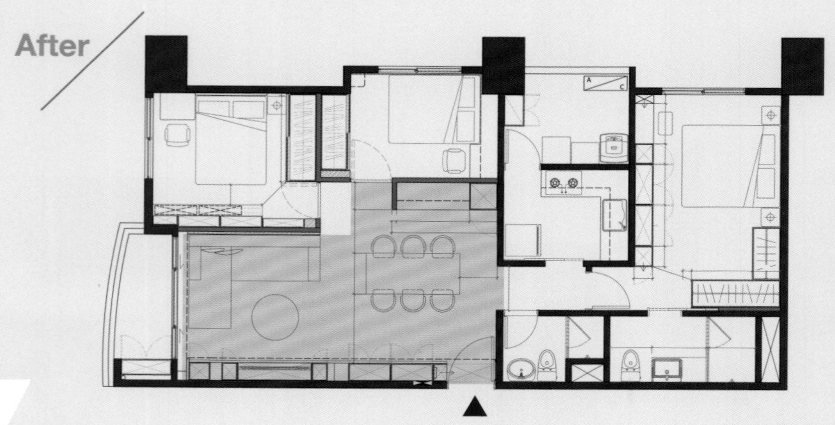

14

斜面交錯天花，拉高拉大客餐廳
內退一道牆＋嵌入式電視牆

格局改造重點

STEP 1 退縮客房一道牆 創造收納消弭狹長感

將客房一道牆內縮，把多的空間用來做餐櫃，搭配暗門設計，創造一個擁有收納的完整餐廳，而且串聯一起的客餐廳軸線仍維持是平的，高明的同時解決原本客餐廳予人狹長侷促的空間感，以及擺放餐桌後沒有地方收納餐具與電器設備的困境。

STEP 2 多層次斜面天花 巧妙增添客餐廳挑高感

當大樑貫穿狹長客餐區天花板，無論是平封或線板修飾，都會造成空間狹窄侷促，使用建築切割手法，將天花板規劃成多層斜向塊面，看似不規則比例的切割，實則精準算出剛剛好的趣味性，搭配嵌入式電視牆，客餐空間變得大器方正。

Case Data｜電梯大樓・新成屋・26坪・4人　**個案圖片提供**｜奕所設計・李軍漢

窗外景觀為主角 捨電視牆攬戶外景色入室

> 客廳寬度不夠，又有兩面開窗，電視櫃擺在那一邊，空間都會變狹窄。

【原格局問題】

✓位於高樓層，戶外視野一望無際

×客廳縱深不夠，做電視主牆會壓縮空間

×客廳有兩面對外窗，不知電視擺那兒

Before

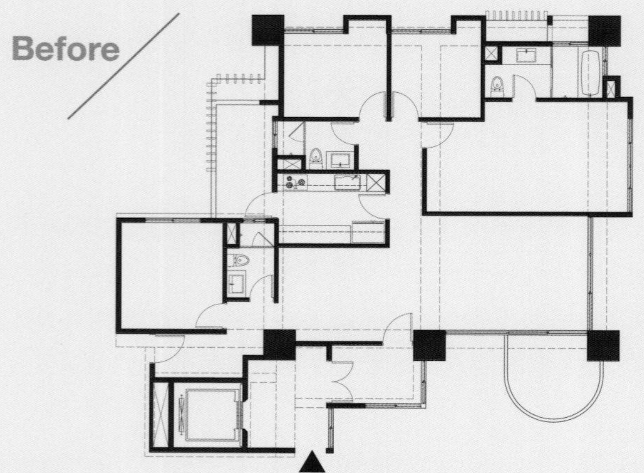

After

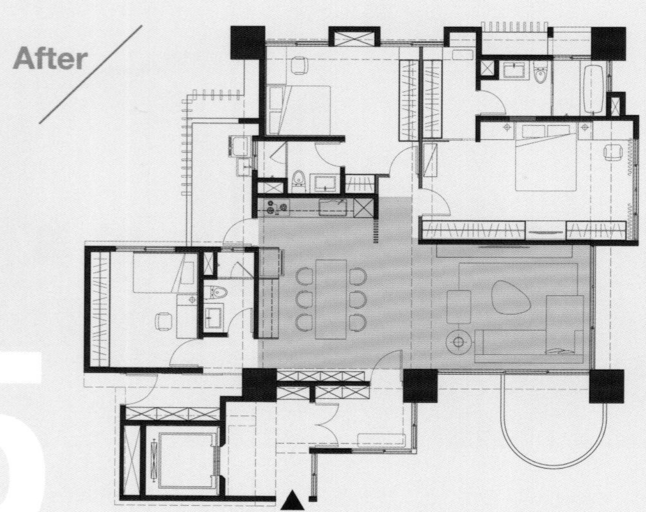

15

投影取代電視牆＋木紋背牆

窗景就是主牆，客餐廚開放悠然

格局改造重點

STEP 1 木紋板沙發背牆 自然輕盈感立現

整片沙發背牆並轉彎延伸至主臥外廊道立面的大尺度量體，選用仿真度極高的鋼刷木紋板，客、餐、廚開放的整體公共空間，搭配兩道大片窗景，消弭縱深不夠的格局困境，視野也更為簡約大方，營造自然人文風情。

STEP 2 不要電視主牆 戶外窗景就是主牆

忙碌的白領菁英平日鮮少看電視，跳脱制式傳統，摒除電視主牆的做法，採可自由升降螢幕的投影設備，保留對外窗景觀，讓戶外自然景色成為主牆，每天都能一覽華燈初上的夜景，白天則採光充足，一派明和舒服。

Case Data | 電梯大樓．新成屋．43坪．1人　**個案圖片提供** | 奕所設計．李軍漢

拉開窗戶引進陽台綠意 打造光照漫入的北歐風情

"屋高低矮、小面積開窗，光照不能深入，整間陰暗且動線不良。"

Before

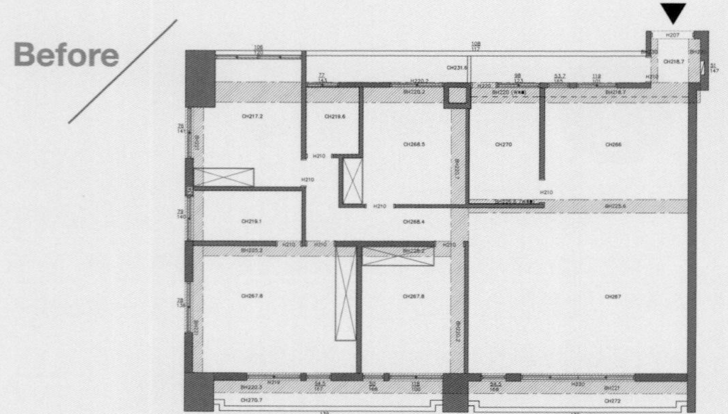

【原格局問題】

✕入口低矮狹閉，導致客餐格局比重失衡

✕舊大樓半窗又分佈零散，導致採光不足

After

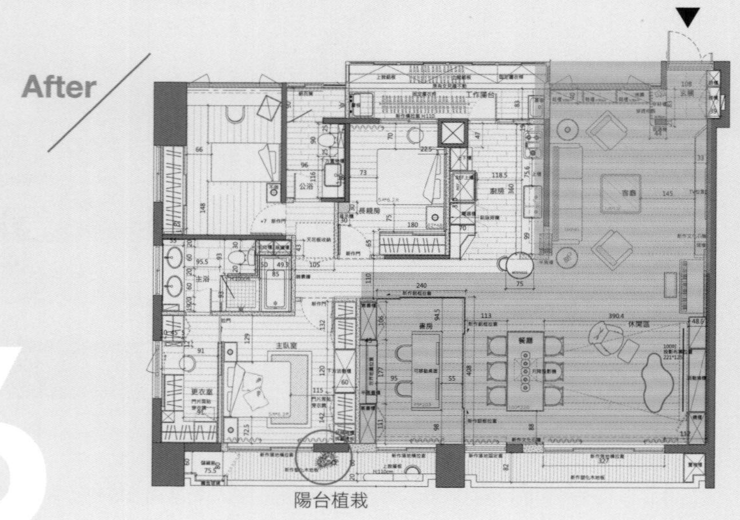

陽台植栽

16

化解屋矮陰暗為自然明亮
加大窗尺度＋減1房

格局改造重點

放大並開放公領域 拉高窗戶空間變亮變大

由於家庭成員單純，將4房改為3房，擴大公領域且採開放式，以樑的軸線區分客廳、書房與餐廚，融為一體的公領域，寬敞舒暢。而整合對外窗且加大尺寸，大面落地窗引入充足光照，化解屋矮形成的壓迫陰暗，成為一處絕美北歐宅。

STEP 2

陽台種植綠樹 處處看得到綠意端景

雖然客廳不是位於緊鄰大面落地窗旁，但沙發區與窗前休閒留白區，讓客廳更具彈性合理，空間具層次串聯，大量採光的進駐，也讓客廳清亮舒適。特地精算於前陽台種植的綠樹，屋內各處都可以看到，引自然綠意入內為端景。

Case Data | 電梯大樓．40年老屋．43坪．2人　**個案圖片提供** | 星葉設計．林峰安

拆除一道隔牆 整個客廳明亮通透

“客廳窗戶都不大，光線很難照進來，連空氣都感覺不流通，公共空間很悶。”

【原格局問題】

✕廚房牆遮擋另一側採光與通風，空氣不流通

✕對外窗不夠大，光線進不來，空間陰暗狹窄

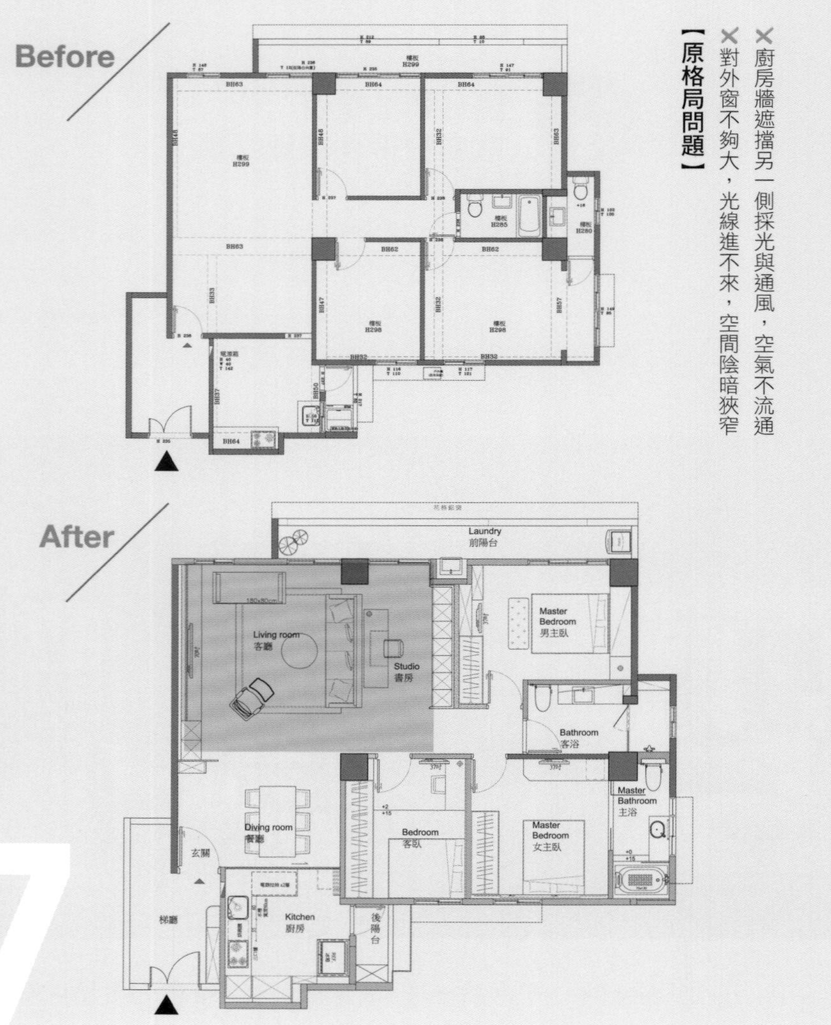

17

光照空氣通通引進，空間清透
半窗變落地窗＋拆一道牆

格局改造重點

STEP 1 拉高半窗 現代時尚引光入內

老舊女兒牆的狹長前陽台，從客廳、書房延伸至臥室，將面對陽台的所有對外窗加強安全結構並拉高為落地窗，光線大量引進，加上女兒牆從老舊磚牆變身為鐵件配以灰玻材質，佐搭客廳木質地板鋪設，客廳明亮大器。

STEP 2 移除書房隔牆 增添客廳書香氣息

將客廳與書房之間實牆移除，開放式閱讀工作區域規劃併入串聯一起的客、餐、廚公領域，光線更能透過此區原有對外窗漫入，加倍擴大客廳明亮區域，不僅賦予客廳多元化功能，也增添書香氣息、提昇家人的互動。

Case Data｜電梯大樓．20年老屋．37坪．2人　**個案圖片提供**｜星葉設計．林峰安

打開天井拆除隔間
辦公室變住宅的改頭換面

“辦公室的格局，想改造成住家，
但隔間實在大不相同，不知怎麼做。”

【原格局問題】

✕辦公室與住家截然不同的格局，需重新規劃

✕屋齡老舊，傳統格局結構不敷現代生活機能

Before

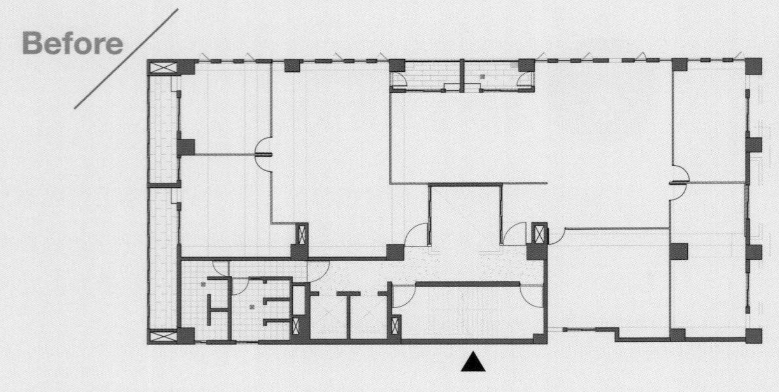

After

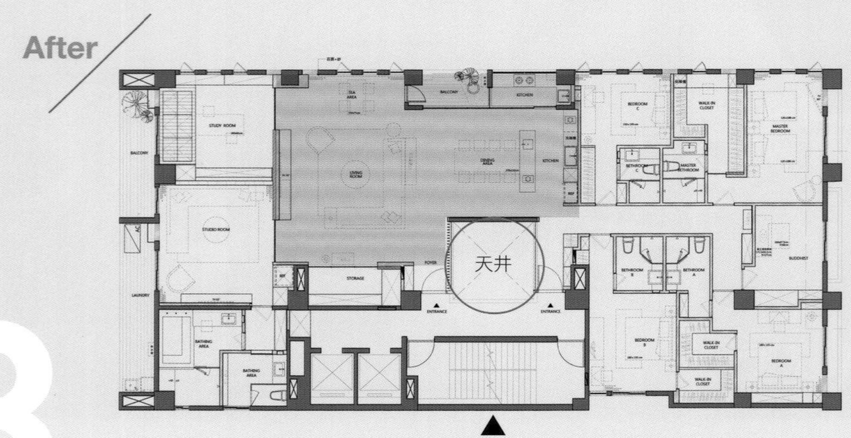

18

樂活進行式，蛻變重生的感動瞬間

拆除格局＋管線重配＋注重採光

格局改造重點

STEP 1 拆格局打通兩戶 運用拉門串聯與獨立

本案原為一層二戶打通，改造的首要任務便是利用此一特點將原有的牆壁拆除，使可用空間加大；空間中也運用拉門做各區塊的分隔，可以打開成為寬敞一體、亦可獨立保有隱私，兩側則保留舊有的斑駁水泥牆，替客廳增添不少個性。

STEP 2 善用天井的採光 自然材質靜謐禪意

針對客廳打開兩戶連通中間原有的天井，使用原有的採光優勢，讓室內擁有充足自然光。使用清水模、空心磚等較為安靜的材質、搭配上灰階的選色，使屋主能夠沐浴在靜謐且具有禪意的空間中放鬆，將心靈提升到另一個層次。

Case Data | 電梯大樓．20年老屋．65坪．4人　**個案圖片提供** | 尚藝設計．俞佳宏

客廳牆壁退後改拉門 拆除夾層放大客廳又挑高

“樑柱太多，對視覺動線造成阻礙，竟然還做夾層，難用且讓空間有壓迫感。”

Before

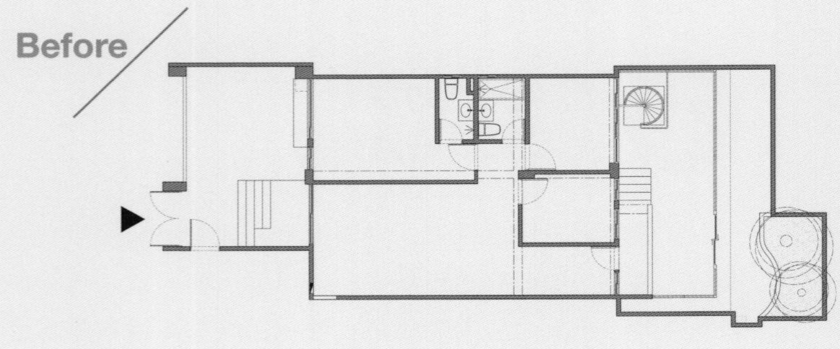

【原格局問題】

✕樑柱太多，房屋管線、磁磚老舊

✕無意義的夾層設計，不實用也不美觀

After

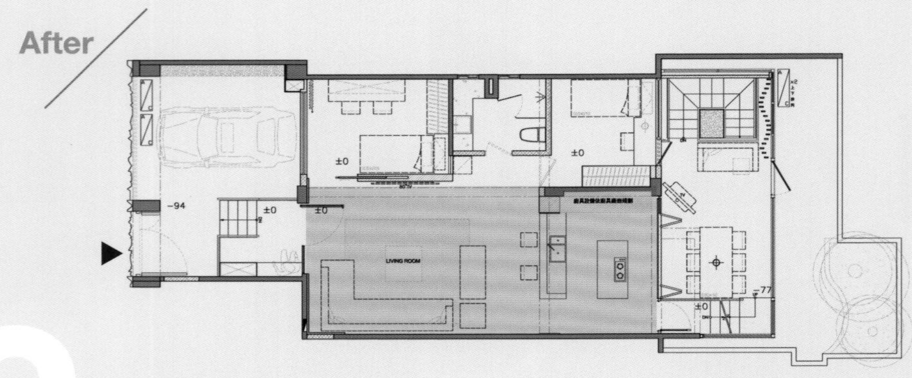

19

隱藏門片，天地壁完整修飾
打牆引光＋拉門隔間

格局改造重點

STEP 1 退縮牆面並拆除 暗門設計視覺乾淨

將阻礙採光的客房牆壁打通並退後，再藉由開放客餐廚的空間串聯，放大公領域。更使用拉門將兩間客房巧妙地收進電視牆後，創造空間視覺的簡練。

STEP 2 拆除無用的夾層 光線建材相輔相成

更換過時的地面磁磚，改以時髦的水泥粉光；拆除無謂的夾層，換來令人驚豔的挑高；整理紛亂的管線，於是看見以木皮修飾包覆的完整平滑天花，再輔以嵌燈柔和溫馨的光源，讓客廳擁有自己獨一無二的美學個性。

Case Data | 電梯大樓 · 30年老屋 · 62坪 · 4人 **個案圖片提供** | 尚藝設計 · 俞佳宏

拆牆換窗一次完成 滿室明亮空間備覺寬廣

“原始格局動線不良造成坪效浪費，如果室內採光能夠更充足就好了。”

Before

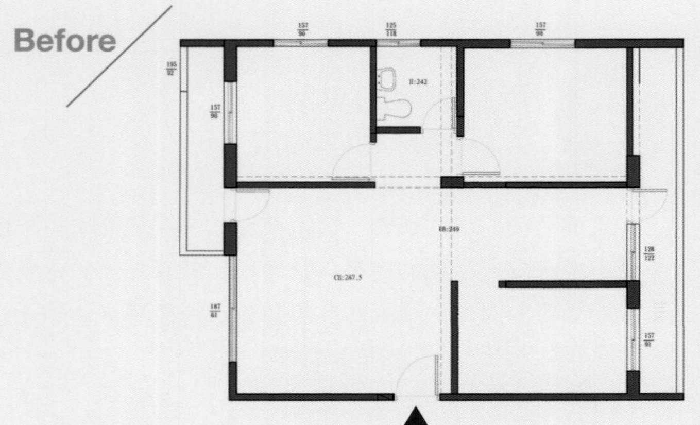

【原格局問題】

×原有廁所前方進門走道浪費空間

×客廳後方房間限制部分採光，侷限客廳發展性

×進門右側牆壁遮擋視野，客廳空間窄小

After

20

光照自然，客廳視野全面延伸

強化窗框＋玻璃拉門＋開放格局

格局改造重點

拆除隔間牆 視野通透採光佳

屋主在家工作，需要一個獨立空間與客戶洽談，將原本一間臥室改造成辦公室，同時將面對客廳的牆壁拆除，代之以玻璃拉門，不僅營造輕盈通透的視覺感受，也讓辦公室與客廳的光線得以互相補強，創造更加明亮開闊的空間景深。

STEP 2

開放式餐廳 延伸客廳寬廣視野

從入口開始，順著動線規劃轉角展示架與開放式餐廳，在保持右側小孩房面積不變的前提下，創造出功能完整的玄關與良好的用餐環境，並且客廳的視線也不再受到牆壁阻礙，而能繼續向前延伸，形塑舒適且自由無負擔的生活氛圍。

Case Data｜公寓．40年老屋．22.5坪．3人　**個案圖片提供**｜上云空間設計．李易熾、蘇庭婕

大柱變成中軸心 45度書桌沙發對齊斜主牆

> “柱子太多，有一面牆是斜的，對於動線與視覺，都造成很大困擾。”

【原格局問題】

× 有四根大柱子，給人相當大的壓迫感

× 格局有斜角、畸零不好區分

Before

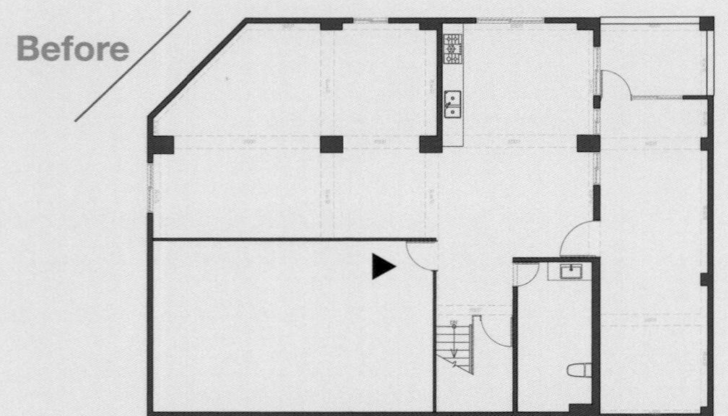

After

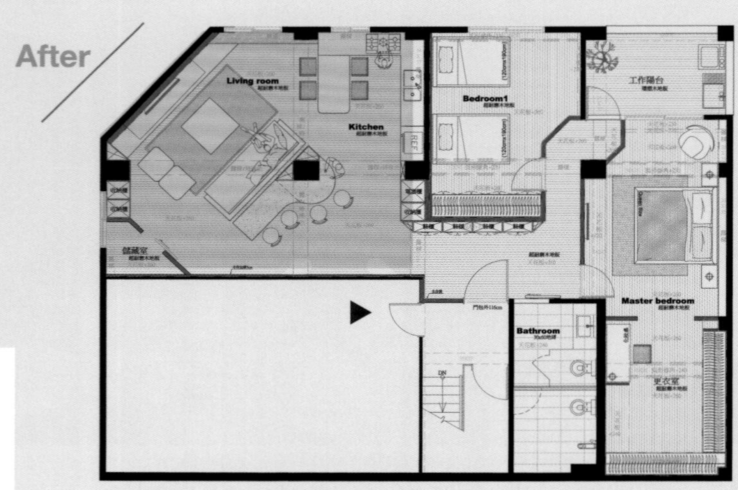

21

偷樑換柱，一蹴可幾的森林氣息
修飾斜面＋消除柱體＋延伸綠意

格局改造重點

STEP 1 玩轉視覺魔法 大柱成為空間焦點

為了化解一進門就看到大柱子的視覺壓力，於是反其道而行，不刻意去遮掩，反而想辦法強化柱體的存在感，融入大樹的概念，讓柱子成為樹幹、樑成為樹枝，營造綠意向四面八方延伸的印象，結合書桌的實用機能，空間充滿趣味性。

STEP 2 摒棄負面思考 化缺點為優點

客廳有一面是斜面，乍看之下有點尷尬，但秉持「攻擊就是最好的防禦」這項概念，直接將斜面牆改造成電視主牆，無形擴大了使用面積。並以45度擺放的沙發與書桌與之對應，置身於客廳感覺方正，消彌斜角格局的突兀。

Case Data | 電梯大樓．20年老屋．35坪．4人　**個案圖片提供** | 子境設計．古振宏

22

打開牆，讓光進來 格局調動房間變客廳

"廁所在房屋中心，濕氣很重，
牆壁都發霉，且客廳太小生活很侷促。"

Before

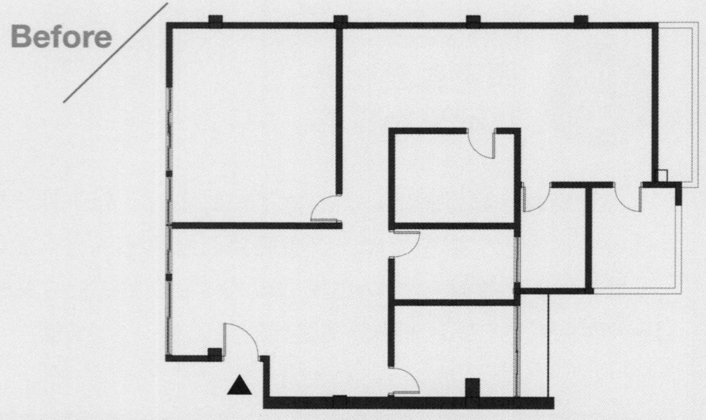

【原格局問題】

✕廁所在屋內中心，濕氣重、採光也不佳

✕房間動線安排不良集中在一側，客廳面積偏小

After

光，無處不在；人，自由自在
打開格局＋明亮採光＋大器石材

格局改造重點

破除牆壁限制 前後貫穿綠意呼吸

將卡在中間的廁所遷移至側邊，並拆除一間房，多出空間融入客廳，於是客廳範圍就這麼擴大了，迎面而來的是雙面採光的舒適光線，營造溫馨明亮又清爽的居家溫暖感。沙發後方牆面選用石材，形塑粗獷而細膩視覺效果，也讓住家呈現俐落大器的美學品味。

STEP 2

突破窠臼 非典型主牆

屋主平時沒有看電視的習慣，因此客廳主牆與其説是電視牆，不如説是展示區，透過金屬鐵板、玻璃、木作的組合，打造出開放式的陳列架，擺滿屋主所珍藏的咖啡杯、馬克杯、紅酒杯等，搭配天花柔和燈光，賦予空間豐富立體的表情。

Case Data | 電梯大樓 · 20年老屋 · 38坪 · 3人　**個案圖片提供** | 天昱設計 · 吳典育

順樑做規劃 活出明亮開朗樂逍遙

> “天花四周橫樑，給人很大的精神壓力，冰涼的地板磁磚，光腳踏上去很不舒服。”

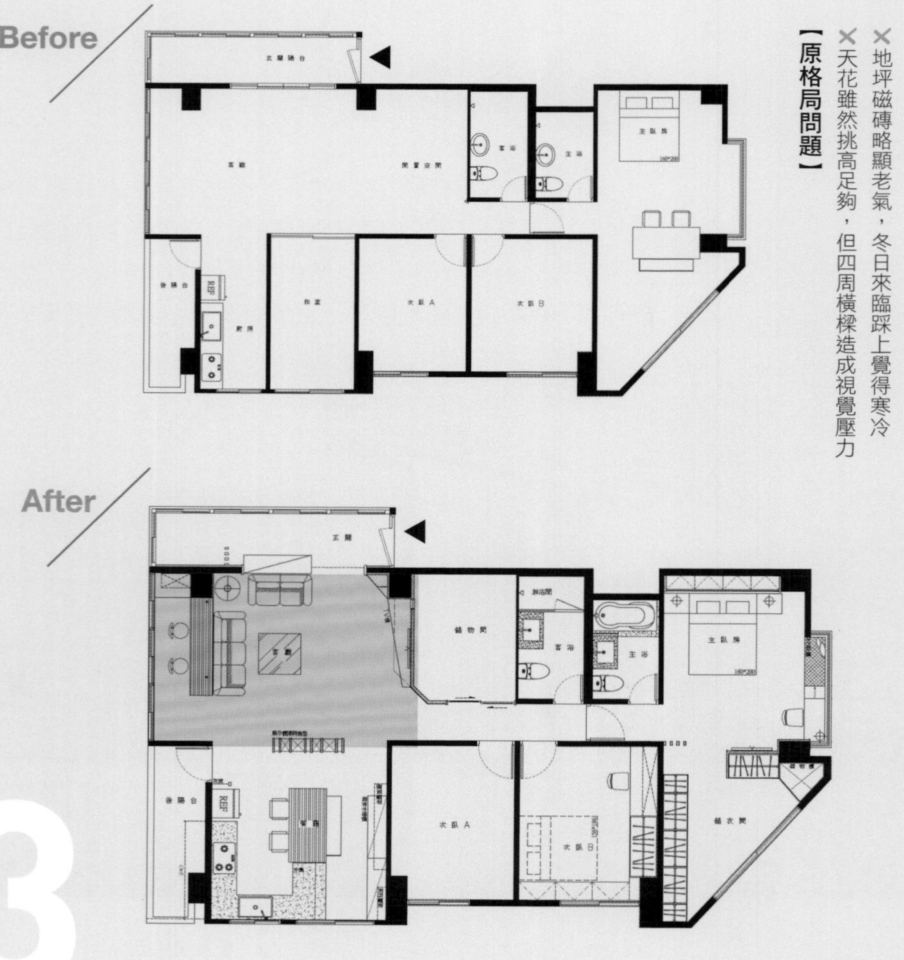

【原格局問題】

✕地坪磁磚略顯老氣，冬日來臨踩上覺得寒冷

✕天花雖然挑高足夠，但四周橫樑造成視覺壓力

23

是客廳也是書房，無壓慢活日常
耐磨木地板＋文化石＋實用書桌

格局改造重點

善用建材特質 溫暖居家記憶

先將屋主所詬病的地坪磁磚換成耐磨木地板，創造溫暖自然的觸感，同時電視牆也採用紅磚造型的文化石，突顯牆面在空間中的特色。並且針對天花橫樑加以修飾，減輕其存在感，有效轉移使用者注意力，於是生活也跟著輕鬆了起來。

STEP 2

善用零碎空間 書桌隱藏沙發背後

住家中需要一個工作、閱讀的書桌，但又不想佔據太多空間，於是利用沙發背後的畸零角落，規劃一張長形書桌，可供兩人以上同時使用，除了擁有完整機能之外，牆面大片窗引入的採光也相當明亮，賦予客廳美觀與實用兼具的效果。

Case Data | 電梯大樓．10年中古屋．38坪．2人　**個案圖片提供** | 天晴空間設計．陳怡如

以柱為中軸線一分為二 化解梯形格局稜稜角角

"梯形格局空間歪斜，有太多根柱子，動線不順，還犯進門見柱的風水禁忌。"

Before

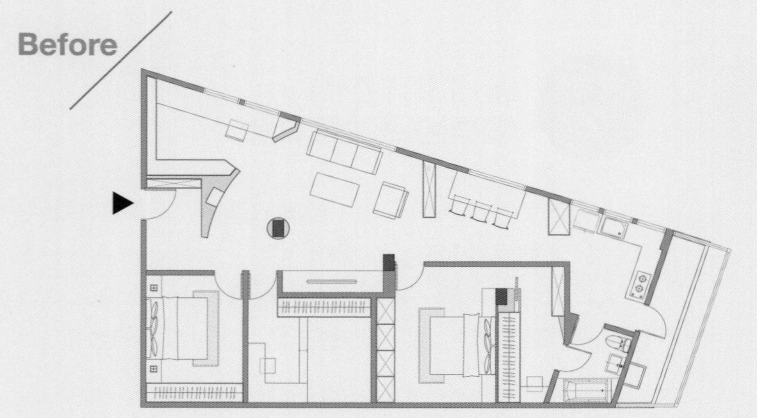

【原格局問題】

✕一進大門有一根大柱子，犯風水禁忌

✕太多柱子切斷動線，空間零碎

✕梯形格局，空間歪斜，不易利用

After

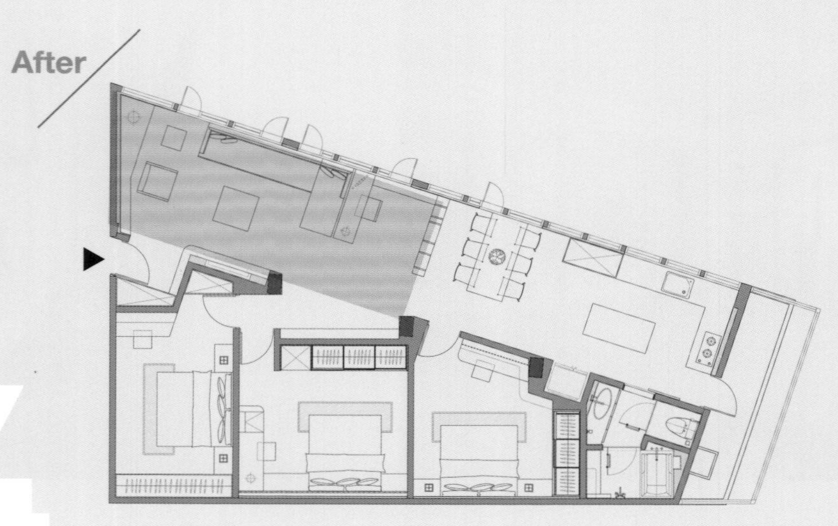

24

老宅重生，前後呼應翻轉中軸線
格局分隔＋呼應風水＋修飾柱體

格局改造重點

STEP 1 以柱體為中心 空間左右分隔

由於入口處有一根直立的主樑柱，雖樑柱為圓柱狀，但風水上來説是大煞，透過格局變更將客廳位置重新調整，使柱體與電視櫃設計結合，除了巧妙隱藏柱體厚度之外，雙面電視櫃也替後方臥室增加隱私性及強化公共空間的收納機能。

STEP 2 調整動線 化繁為簡格局方正

此案格局為梯形，柱與樑的走向也非有系統的與牆面垂直或水平，為了解決格局不方正的配置，設計上以中軸線為各空間的聯絡通道，再將空間屬性一分為二：公共空間及私領域，形成明廳暗房的概念，客廳的地位也因而被突顯。

Case Data｜電梯大樓・30年老屋・30坪・3人　**個案圖片提供**｜岱禾空間製作・李岱俐

解決不合理格局配置 再現公領域的開闊明亮

> “最明亮的地方竟然在和室，百思不解，客廳被侷限在角落，感覺很拘束。”

Before

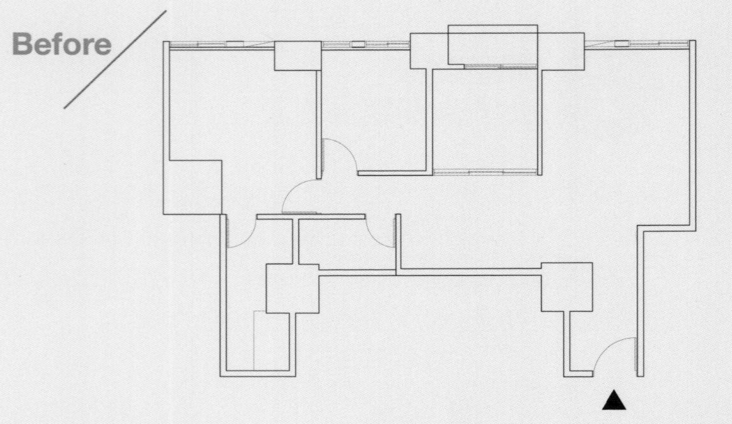

【原格局問題】

✕光線的來源位置不佳，導致室內光線不足

✕電視牆與沙發區距離很緊繃、隔間狹窄

After

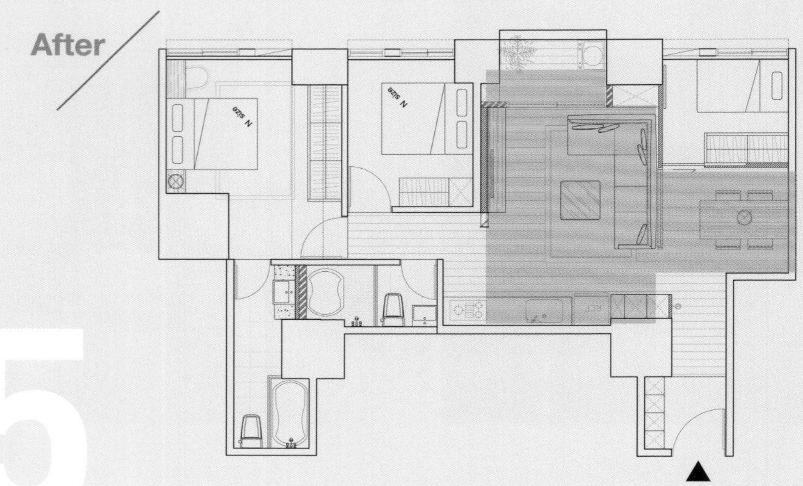

25

空間大挪移，引光入客廳成中心
切換動線＋擴大開窗＋重置燈光

格局改造重點

STEP 1 拆除和室 光明再現

將家中最主要透光源的和室一口氣拆除，接著再將客廳遷移到此處，面陽台的牆面內縮，另外規劃戶外陽台，裝設落地窗明亮整個公共空間。原來的和室牆面阻礙屋內的光線與動線，故拆除牆面後，整體格局獲得重新調整的機會。

STEP 2 格局重新分配 鏤空屏風放大空間

因應原本的住宅環境格局凌亂，而唯一的採光來源不足，動線也不合理，此次將格局大調動，著重增大與改善客廳現況，並以鏤空屏風區隔其與餐廳之間的虛實界線，成為廣義的開放式空間，同時增加視覺寬敞度。

Case Data | 電梯大樓．25年老屋．24坪．3人　**個案圖片提供** | 芽米設計．楊俊華

拆除兩道隔間牆變拉門 幻化為孩子的寬敞活動空間

“進大門後，感覺要走很遠才能到客廳，而且進出房間還要轉來轉去。”

Before

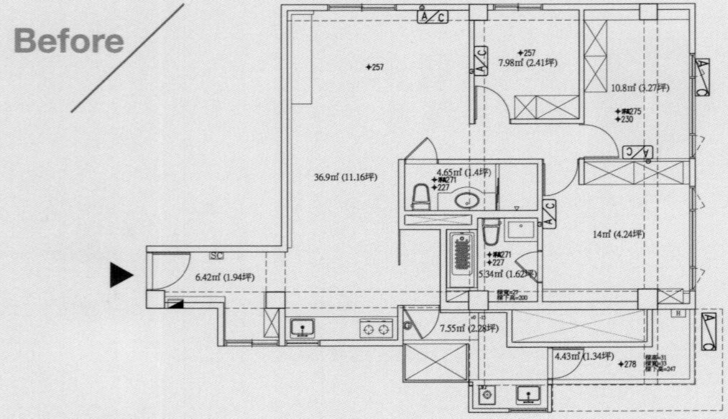

【原格局問題】

✓三面採光，每個私密空間都很明亮

✕客廳很小且暗，每個房間也很小，不好使用

✕從玄關到客廳至主臥，經三道轉折，動線變長

After

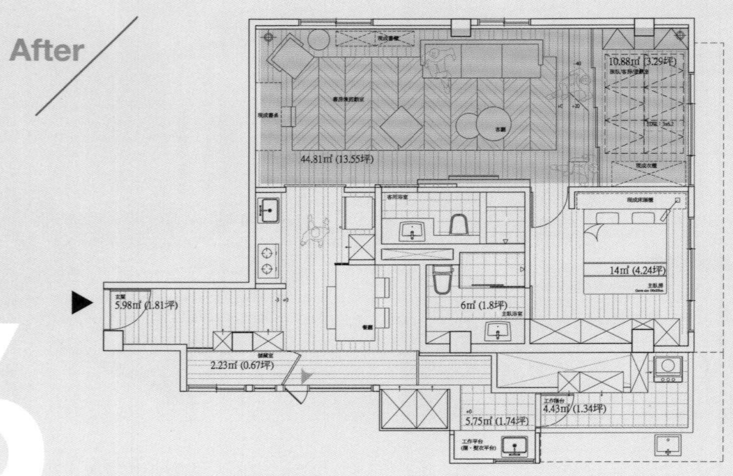

26

軸與軸交會處，變身彈性空間

減1房＋彈性拉門＋架高和室

格局改造重點

STEP 1 3房少一房 拉大公共空間

原本標準三房兩廳格局，因考量屋主需求捨去原本位在中間的一房，改為客廳。而原本的客廳則因應屋主需求成為開放書房設計，兒童房則以架高和室面貌呈現，讓自然光源可以從此進入客書房，同時也拉大公共空間的活動範圍。

STEP 2 和室架高 兒童房滿足機能

兒童房的隔間牆改為拉門設計，晚上可以闔上做為孩子休息的場域，白天則開放，結合客廳成為孩子遊戲區。地板板架高的多功能處理，有客人來時成為通舖客房區，底下則為強大的收納機能。

Case Data | 公寓・30年老屋・30坪・3人　**個案圖片提供** | 尤噠唯建築師事務所・尤噠唯

27

用弧形化解多邊形
優美曲線串聯生活與空間

“從玄關至客廳是多邊形，很難使用，電視正好位處背光位置，該怎麼辦？”

【原格局問題】

✓三面採光，明亮通風

✗扇形客廳座向不佳，電視位置逆光，難以觀看

✗五角形玄關，畸零格局，難以規劃鞋櫃

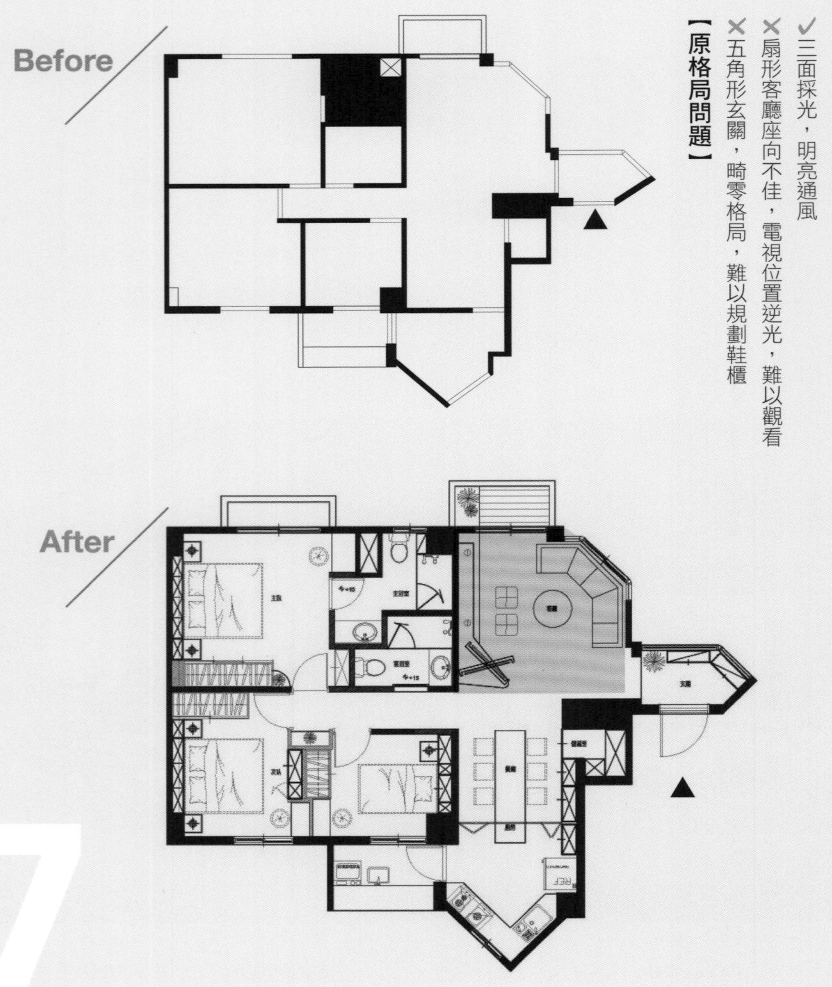

破解畸零格局，增加彈性空間

弧形客廳轉向＋旋轉電視牆

格局改造重點

弧形客廳大轉向 化風水也化逆光問題

扇形客廳由於座向不佳，電視的位置逆光需要長期用遮光窗簾遮住窗戶，而且玻璃窗外就是直煞結構柱的風水大忌。因此大膽提出弧形客廳轉向，搭配旋轉電視牆的概念，漂亮解決客廳座向及風水問題。

STEP 2 旋轉電視牆 搭配圓弧天花

旋轉電視的靈活運用，不但可讓客廳觀賞，還可以旋轉到餐廳收看，連同圓弧鏤空收納櫃，空間不壓迫。搭配圓弧形天花板，從玄關為起點，曲線延伸到客餐廳，整合間接照明及空調出風口，讓空間沐浴在曲線的光之圓舞曲之中。

Case Data｜電梯大樓．中古屋．35坪．3人　**個案圖片提供**｜天涵空間設計．楊書林

拆除2個舊高櫃 空間變大坐擁河景陽光屋

“明明是水岸住宅，卻看不到河景，室內很暗、很壓迫，動線繞來繞去。”

Before

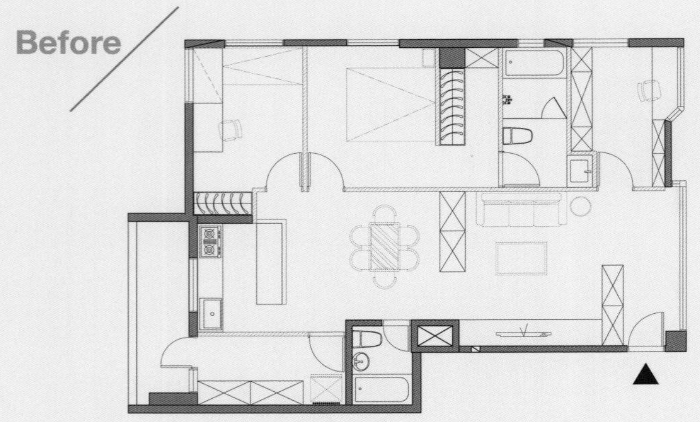

【原格局問題】

✓位於水岸第一排，坐擁河景

✕客、餐廳間有一高櫃，擋光且客廳狹小、侷促

✕入口處的高鞋櫃擋光，且需要繞一圈才能到客廳

After

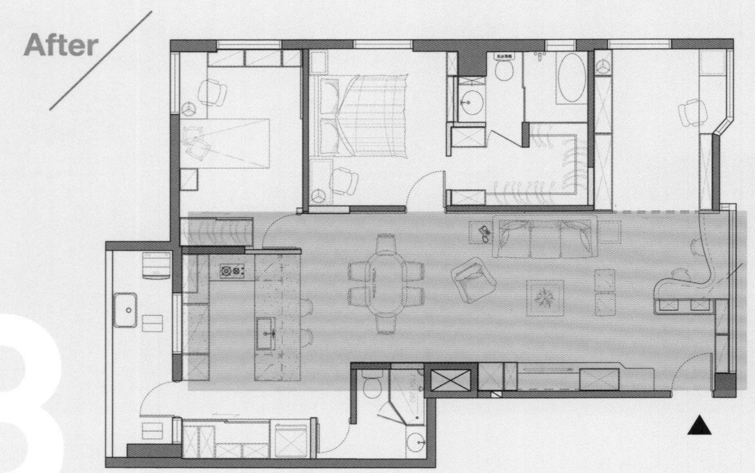

28

開放空間＋L型矮櫃＋弧形吧檯
引光納景，客廳寬敞舒適多功能

格局改造重點

STEP 1 拆除2高櫃 開放公共空間

30年老屋的舊裝潢，一進門的高鞋櫃與客、餐廳間的高櫃，阻擋兩側光線入內，也將公領域的每個空間切割的小小的。透過拆除2個舊高櫃，將整個公共空間開放，讓客、餐、廚一氣呵成，並得以引光、納景，30老屋從陰暗蛻變為明亮寬敞、坐擁迷人河景。

STEP 2 高鞋櫃變2矮櫃 收納一樣多

拆除原本擋光、又阻礙動線的玄關高櫃，改以移到靠窗的L型2個矮櫃，收納容量一樣多，更能引光入內。搭配延伸過去的弧形吧檯，擺放高腳椅，美麗河景一覽無疑，彷彿河岸咖啡店在我家，賦予客廳多功能且增添悠閒氛圍。

Case Data | 電梯大樓．30年老屋．28坪．3人
個案圖片提供 | 哲嘉設計．游明陽

加裝日式障子門 化解遠處壁刀添和風

“窗外有綠意，遠處隱約有壁刀，距離很遠好像沒關係，但還是有疙瘩。”

Before

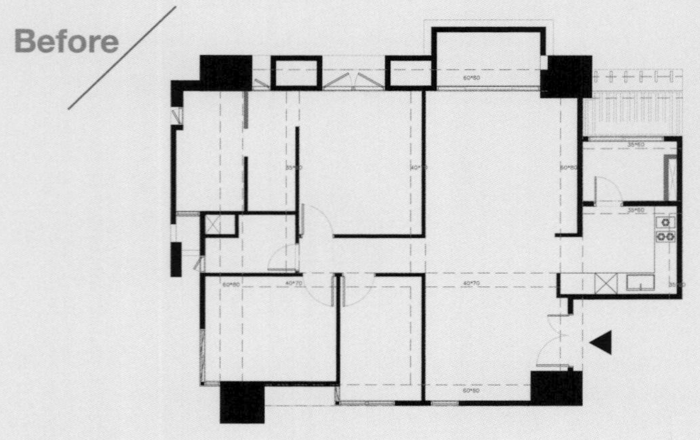

【原格局問題】

✓綠化空中庭院，窗外有綠意
×3房格局，2間次臥空間太小
×客廳前陽台遠遠望去有壁刀，犯了風水禁忌

After

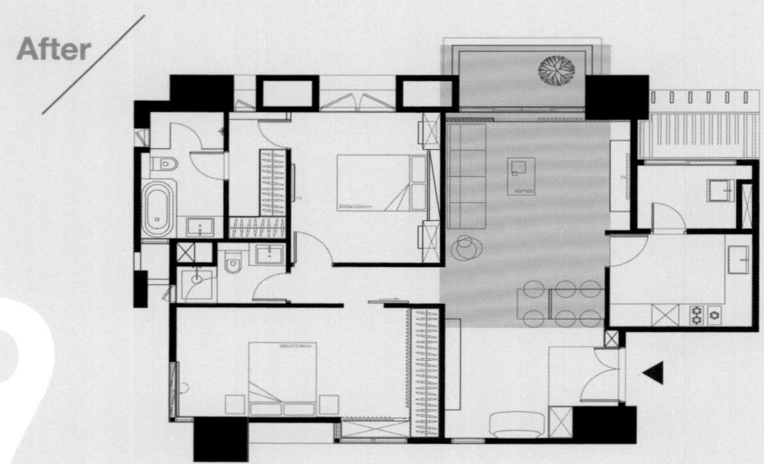

29

調光節能，壁刀不見簡約清透
串聯客餐＋裝障子門＋減少裝飾

格局改造重點

日式障子門 輕巧易移動

遠處建築物隱約造成壁刀的堪虞禁忌，利用在前陽台落地窗與柱子間的縫隙，加裝日式障子門，木格柵線條創造溫潤視覺層次，增添和風；並具調光節能之效，光線變得更加柔和，門片輕巧方便移動，可恣意做不同變化，巧妙化解壁刀。

STEP 2

適當留白 剛好就好

以純淨白牆為立面，楓木地板為襯底，搭配松木色調的電視櫃、餐桌椅、木格柵障子門與輕柔的藍色沙發，並減少不必要的裝飾，空間中的每個元素與每件家具，都恰如其份的剛好就好，舖陳一室的輕盈清透，空間可以呼吸、生活更加豐富。

Case Data | 電梯大樓・新成屋・30坪・3-5人　**個案圖片提供** | 翎格設計・潘怡華

打造玻璃屋廚房 拯救明亮舒適宅

“廚房擠在工作陽台，阻絕採光，又不能晾晒衣服，而且還沒有餐廳。”

【原格局問題】
- ✕玄關過大，公共空間採光不足
- ✕沒有餐廳，找不到地方擺餐桌
- ✕廚房在工作陽台，很小又擠

Before

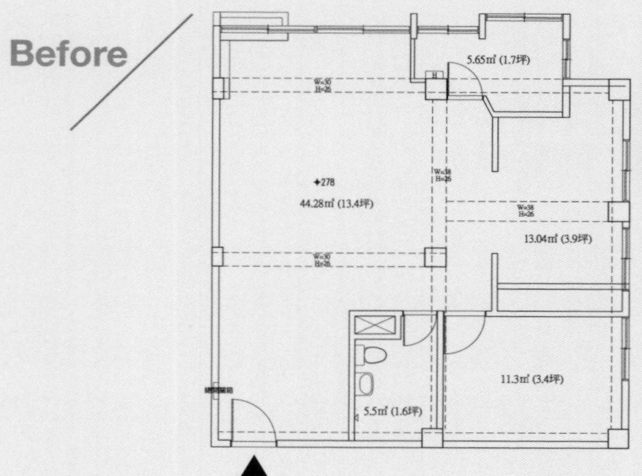

After

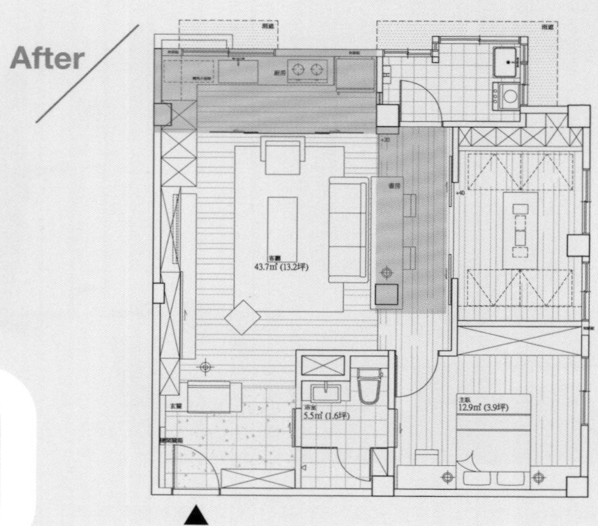

30

內移廚房＋玻璃拉門＋長桌
用玻璃屋廚房與客廳共享採光

格局改造重點

STEP 1 廚房移至室內 玻璃拉門擋油煙又引光

原本廚房規劃於工作陽台，把採光阻絕、又不能晾晒衣服，還原陽台功能，把廚房移至室內，並利用玻璃採光罩及玻璃拉門，讓廚房成為室內一景的同時，也可以扮演引光入室的機能。彈性通透的隔間，更可擴大公共空間的開闊感。

STEP 2 走道長桌 是餐桌也是書桌

由於一根柱子正好落在空間正中心，難以移動或調整，因此依柱體延伸出長桌設計，一來成為書桌，並成為客廳沙發的靠背穩定牆，二來也可以滿足原本空間無餐桌的問題，第三更是處理空間東西向的視覺軸線中介，以及場域界定。

Case Data | 公寓・30年老屋・20坪・2人
個案圖片提供 | 尤噠唯建築師事務所・尤噠唯

更改廚房位置變身主動線 畸零角落也有大貢獻

> 空間稜稜角角很多，餐廳不知放那？廚具阻礙自然採光及通風進入。

【原格局問題】

✕餐廳無論設置在那裡都會影響動線

✕玄關鞋櫃及廚具阻礙自然採光及通風進入

✕一進門玄關及廚房各自有畸零空間

Before

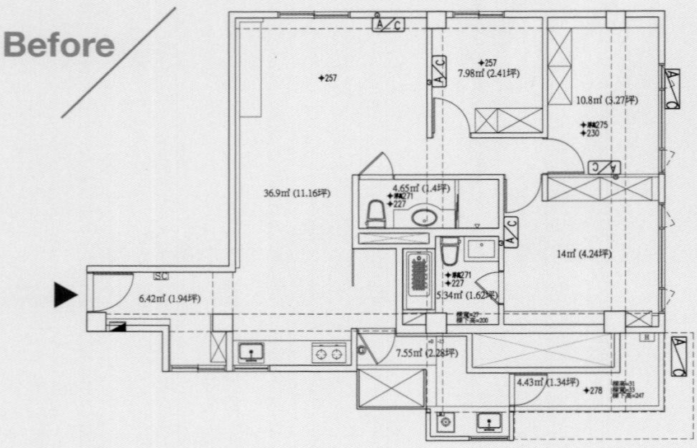

After

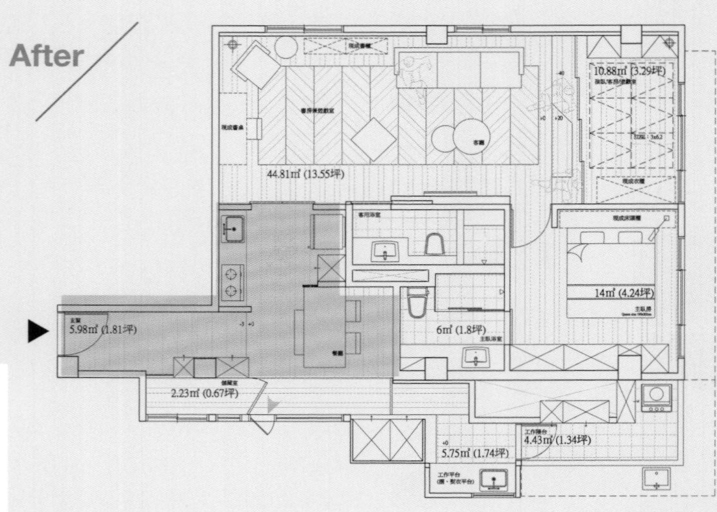

31

把每個轉角及畸零變成家的風景

空間對調＋玄關畸零與廚房打通

格局改造重點

STEP 1 格局重新分配 廚房變成重心

從玄關進入室內空間的畸零及轉折太多，因此以玄關轉至室內的牆為基礎，將原本靠窗邊的廚具移到這裡，變身為公共走道的中心點，把動線化為無形，往右為原本廚房臨窗的畸零空間變身為餐廳，往左則規劃為進出客廳的動線。

STEP 2 玄關畸零空間給廚房 採光及收納全滿足

原本玄關櫃導致光線及通風無法進入，透過打通與玄關畸零鞋櫃的空間，讓臨牆的自然光及通風進入室內。並將玄關轉進廚房的畸零轉角空間，規劃成廚房側牆並結合黑板牆，廚房開放清朗，玄關過道延伸，更是家人溝通的留言板。

Case Data | 公寓．30年老屋．30坪．3人　**個案圖片提供** | 尤噠唯建築師事務所．尤噠唯

餐廚與衛浴對調
營造兩人三角通透好宅

“斜角的畸零廚房不好使用，
而且進出衛浴必須繞好遠。”

Before

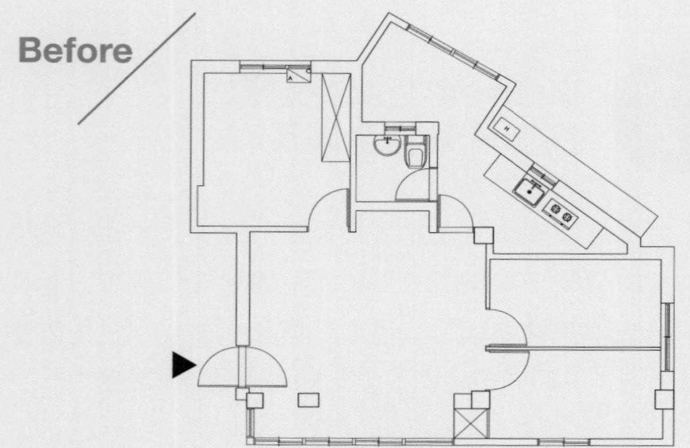

【原格局問題】

✕衛浴必須繞到廚房再進去，動線不便

✕廚房位在三角形斜角畸零空間

After

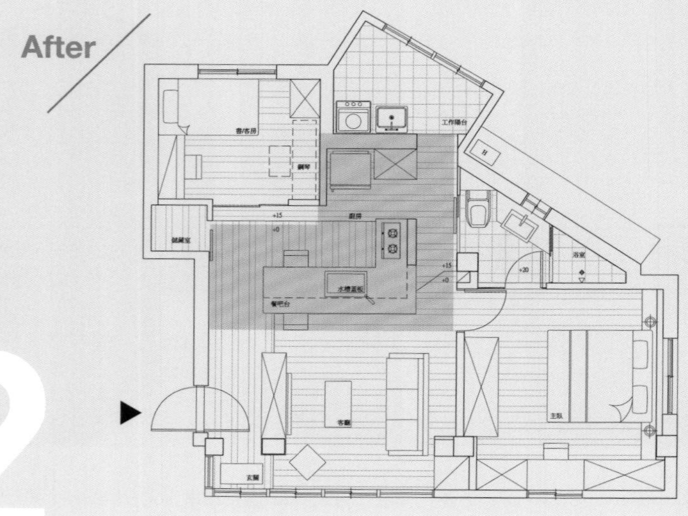

32

格局大調動＋廚房移到中心
扮演過渡各個空間的樞紐

格局改造重點

空間互換 廚房移入公共空間

將原本位於斜角的畸零廚房，拉到公共空間的中心點，一方面作為空間到空間的過渡樞紐，一方面餐廚區成為家中使用的中心，廚房就是餐廳，也是閱讀、交誼的區域，衍生小坪數家居，多功能的使用性。

STEP 2

運用衛浴空間 整合拉平斜角區

原本屋子後方斜角的空間規劃為餐廚，因應將餐廚移到中心點的公共空間，因此改為衛浴空間。而附屬在廚房走道旁的衛浴，不僅滿足了小坪數一套衛浴的基本需求；雙入口的設計，也讓沒有浴室的主臥，多了如同套房般使用的便利。

Case Data｜公寓．30年老屋．22坪．3人　**個案圖片提供**｜尤噠唯建築師事務所．尤噠唯

中島嵌入廊道開放公領域
擴大餐廚場域邀綠意相伴

33

“廚房在角落又狹小，擺進電器櫃冰箱，就沒地方規劃女主人喜愛的中島了。”

Before

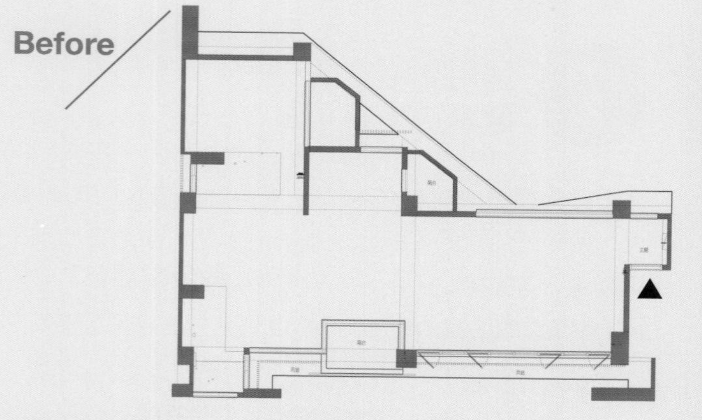

【原格局問題】

✓採光明亮，視野很好，一邊水景、一邊山景

✕格局狹長，很難規劃出女主人想要的中島

✕廚房過小，收納量嚴重不足

After

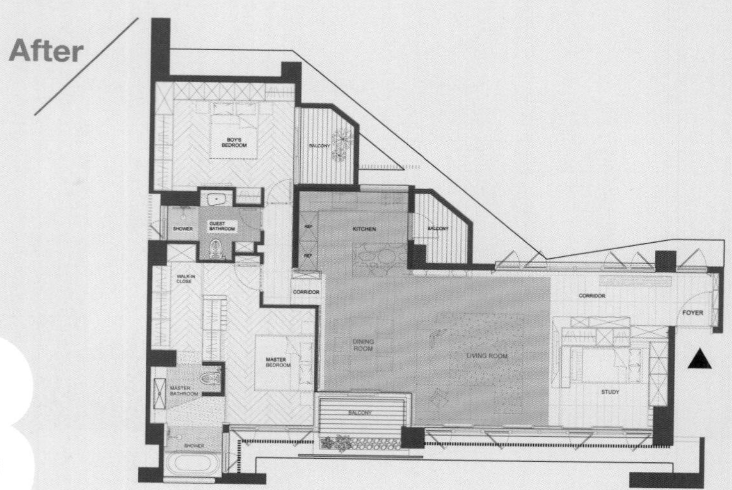

放大公領域收納美感兼具
運用廊道＋結合壁面＋高櫃

格局改造重點

中島檯面嵌入廊道 搭配壁面延伸視覺感

受限狹長格局的開窗，廚房空間被局限住，無法拓展。以十字軸從玄關切割空間的東西側，再以廚房與餐廳串聯為南北軸，以中島做為場域界線，利用大理石嵌入至廊道、結合灰色馬來漆壁面，拉大廚房視覺感，下方則滿足收納。

開窗引進綠意 高櫃增收納

L型廚房以高櫃與吊櫃，創造大量收納空間，各項電器設備、鍋具雜物皆可整齊擺放。適當開一長窗引進戶外山景，下廚擁有好心情。宛如莫內睡蓮畫作的石材圖騰中島吧檯，搭配餐廳白色木作布紋編織牆面，串聯餐廚形塑視覺美感。

Case Data｜電梯大樓．新成屋．30坪．2人　**個案圖片提供**｜大湖森林設計．柯竹書、楊愛蓮

獨立出中島吧台 現代復古交錯的靜謐之美

“與其坐在客廳看電視，任憑時光流逝，更希望餐廳成為家的重心，情感交流。”

【原格局問題】

✕雖然有獨立廚房，但機能性不足

✕多餘走道結構造成空間浪費，看起來也很礙眼

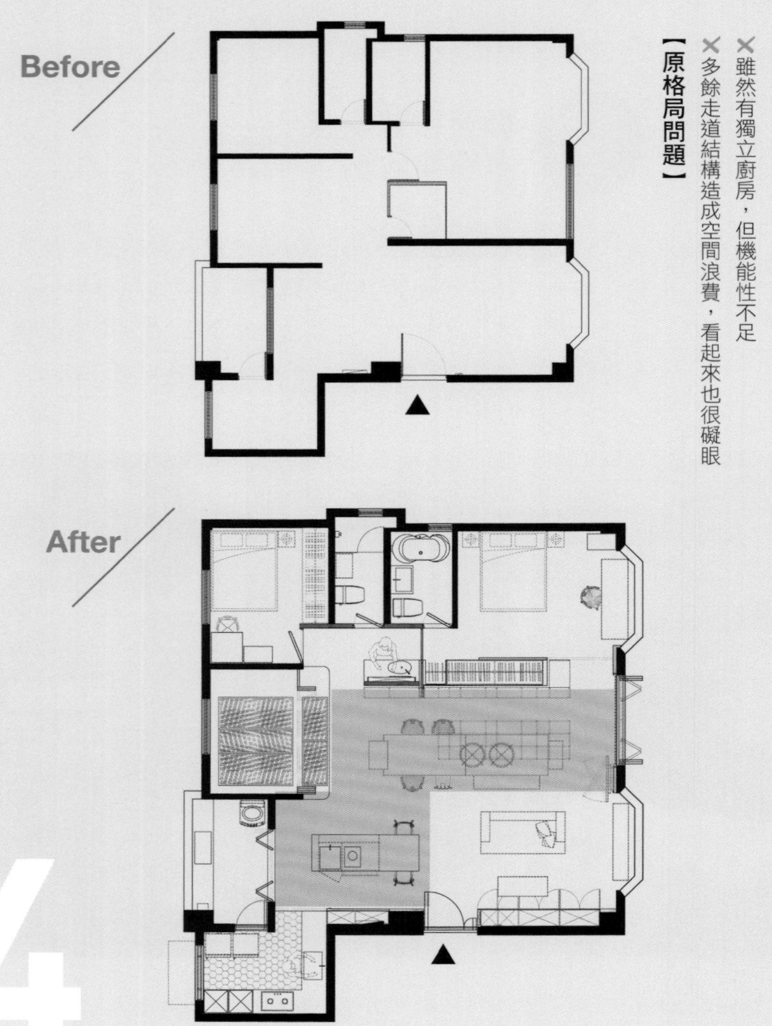

34

綠意環繞的悠閒，生活從此大不同
增設吧台＋古董家具＋滿室綠意

格局改造重點

多功能吧台 既美觀也實用

將吧台獨立出廚房區，融入在開放空間中，讓親友們來訪時能夠隨性的自取飲品與料理輕食，同時賦予櫃體與上方層架收納的功能，茶具與精緻的茶罐外型也成為開放式收納櫃最好的飾品。

STEP 2

兼具復古與現代 融合自然與人文

餐廳是一家人生活的中心，不論是與朋友的聚會，還是日常孩子的閱讀作業都在此進行，以屋主的大量藏書作為空間背景，餐桌上方的鐵件架構，掛起男主人收藏的露營煤油燈加上女主人的茶藝佈置，讓居家有了野外露營時的靜謐氛圍。

Case Data | 電梯大樓．10年中古屋．32坪．4人　**個案圖片提供** | 甘納空間設計．林仕杰、陳婷亮

順整格局成大區塊 內外呼應通透天綠意

“格局太緊閉，戶外陽台青苔密布，影響餐廳景觀，走到外面也很危險。”

Before

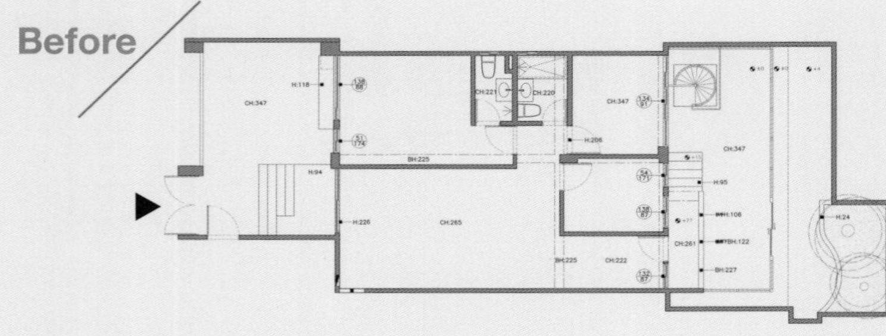

【原格局問題】

✕屋齡老舊，陽台積滿青苔，結構也腐朽不堪

✕採光不足，室內總是感覺陰暗

After

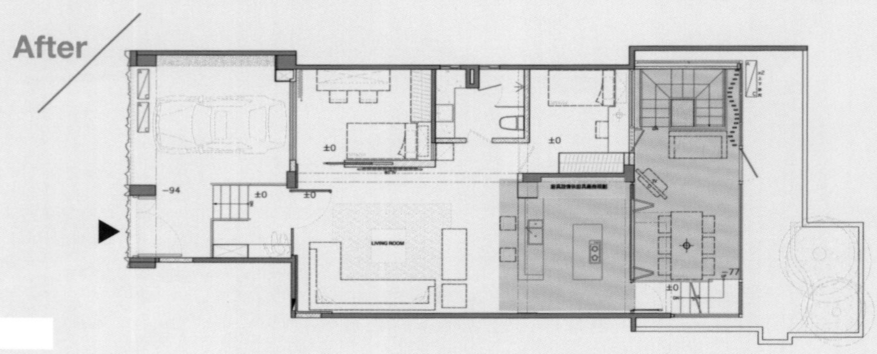

35

內外串連，美食美景和諧共生

整修陽台＋落地玻璃＋自然建材

格局改造重點

STEP 1 保留原屋特色 搖身為一方風景

利用原有天窗結構灑入自然光，由廚房延伸下樓，變成一用餐區；戶外陽台經過紅磚牆重新刷洗、鋪上木棧板，成為賞心悅目的自然造景。將客廳與廚房打造成互相連通的開放式空間，陽光由前廳後院引入，再拉高天花，造成視覺延伸。

STEP 2 玻璃與燈光 添加柔和氣氛

為了最大程度將室外風景與室內餐廳做結合，於是在兩者分界處設置落地玻璃窗，營造通透清澈的視覺效果，也強化採光，形塑立體開闊的空間感，同時添加間接光源與造型燈具，即便夜晚來臨，餐廳仍能保有時尚優雅的雋永魅力。

Case Data｜電梯大樓．30年老屋．62坪．4人　**個案圖片提供**｜尚藝設計．俞佳宏

36

打掉1房變廚房
順樑切齊開放餐廚完整一致

“房間很多，但沒那麼多人住，
多出的房間，讓廚房與餐廳都變小了。”

Before

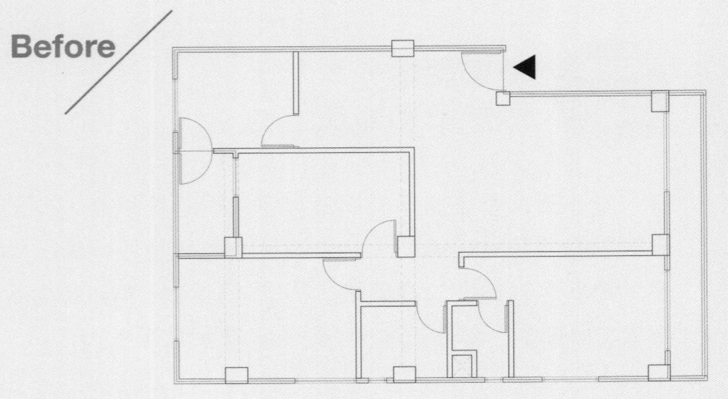

【原格局問題】
✕過多房間數，讓廚房與餐廳空間狹小
✕不合時宜隔間阻礙動線，導致採光不良

After

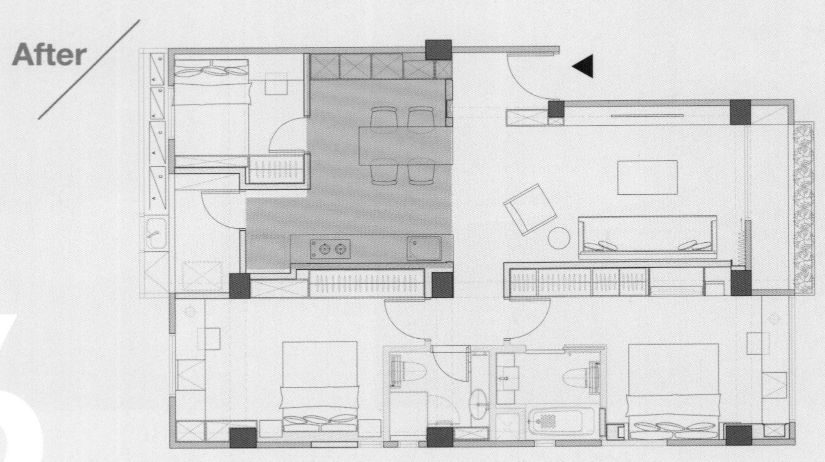

大刀闊斧改造，迎來時尚面貌

拆牆＋引光＋通風

格局改造重點

STEP 1 拆1房改為廚房 煥然一新簡約時尚

除了拆掉一間房間改造為廚房之外，廚具的選擇上也絲毫不馬虎，將舊有的廚具全部移除，改換為最新式的設備，深色木皮的面料搭配人造石檯面，在純白牆壁的襯托下，突顯簡約俐落的時尚氣勢，也成為引人注目的視覺焦點。

STEP 2 開放式餐廚 品味生活絕佳魅力

開放式廚房自然要搭配開放式餐廳，透過生活機能的集中，讓屋主使用起來更為便利舒適，此外，也在餐廳牆面規劃一整片儲物櫃，徹底滿足全家人收納需求，櫃體顏色與廚具門片配色相呼應，令本區擁有完整一致的現代設計風格。

Case Data｜公寓．30年老屋．30坪．2人　**個案圖片提供**｜岱禾空間製作．李岱俐

37

由封閉走向開放 強化空氣對流的L型廚房

> "餐廳位在角落，一邊被櫥櫃擋住，一邊是廚房，採光很差隨時都要開燈。"

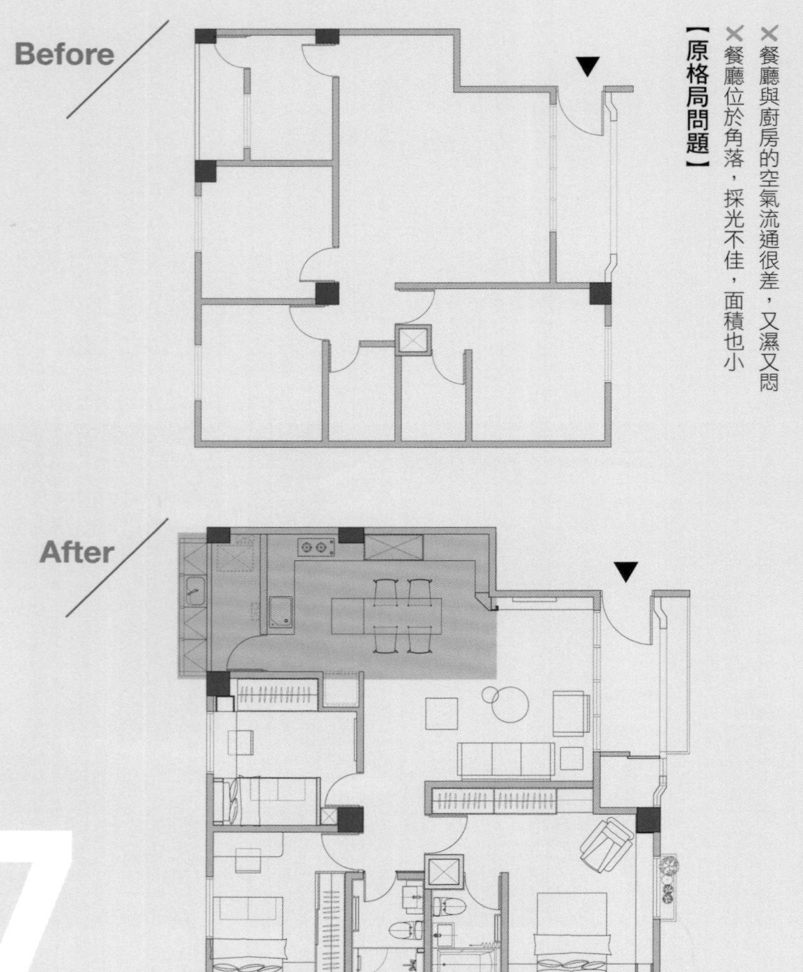

移除櫥櫃＋開放餐廚＋融入陽台

光合作用，通透無礙讓風進來

格局改造重點

STEP 1 拆除舊櫥櫃 開放餐廚實用寬敞

屋主最詬病的就是存在於客廳電視牆兩側大而無當的櫥櫃，不僅遮擋住餐廳採光，也讓客廳前往餐廳的動線顯得不順暢，在改造客廳電視牆之餘，順勢拆除那兩座櫥櫃，並打開廚房，建構出開放式餐廚，強化實用機能，視野更倍覺開闊。

STEP 2 延伸至陽台 光與風的對話

廚房與客餐廳結合，創造出更有凝聚力的公共空間，設計上將鋪面及材料延伸至前後陽台，拉伸整體空間深度，也將室外的景致及採光引入室內，改善傳統公寓採光通風不足及過於壓迫的缺點，形成室內外自由對話的流動場域。

Case Data | 公寓．30年老屋．30坪．2人　**個案圖片提供** | 岱禾空間製作．李岱俐

扭轉方向的格局配置 顛覆認知的餐廚設計

38

> “廚房很小，連冰箱都沒地方擺，
> 餐廳空間狹窄，連坐下來都很麻煩。”

【原格局問題】

✕餐桌距離牆壁太近，空間太小，使用不便

✕廚房窄小，裝設一字型廚具後，沒地方擺冰箱

Before

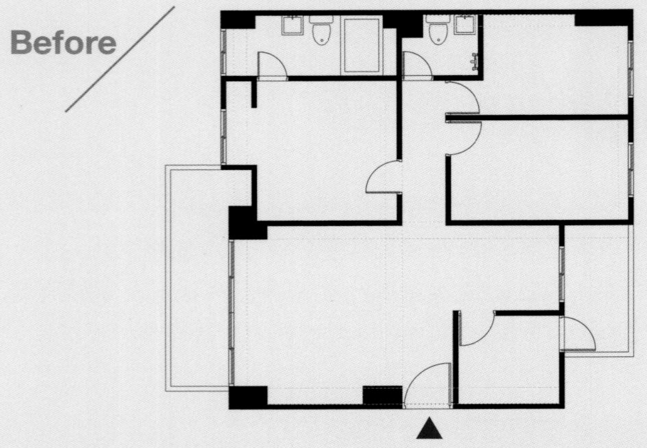

After

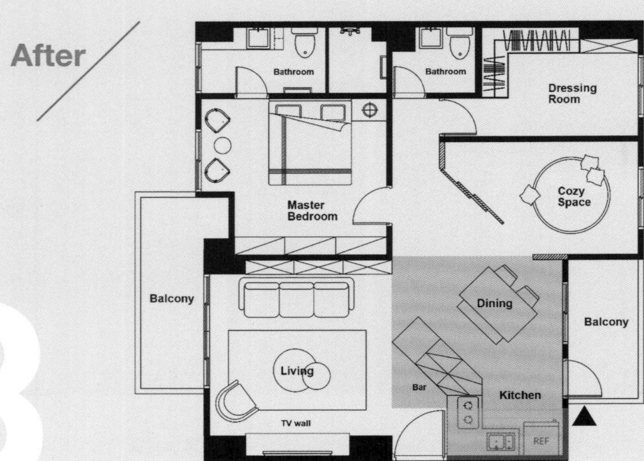

格局改造重點

STEP 1 拆除隔間牆 斜角廚房感覺方正

原本廚房空間相當小，不僅冰箱沒地方擺，也因為獨立隔間影響餐廳空間，連帶讓餐桌動線顯得狹窄難行，不易通過。拆除牆壁改為開放式餐廚區，讓中島及餐桌與主牆形成45度斜角，產生更寬廣的使用坪效，且置身其中感覺方正。

STEP 2 斜角拉門 平衡視覺感受

為了打造開闊的用餐區，餐廳後方書房將部分牆壁拆除，同時設置推拉門，且門片角度與餐桌及中島平行，這樣一來不僅公共區域擁有雙面採光的優勢，通風問題也獲得改善，更重要的是突顯了平衡對應的視覺感受，形塑強烈美學品味。

Case Data｜電梯大樓・30年老屋・32坪・1人　**個案圖片提供**｜巢空間室內設計

39

清玻璃取代實牆
視覺穿透空間感加倍放大

“廚房格局不方正，且餐廳太過狹小，
不但位置及動線不順，還會卡到冰箱！”

【原格局問題】

✕畸零空間多，卻找不到地方放置冰箱位置

✕餐廳格局太小，廚房格局不規則

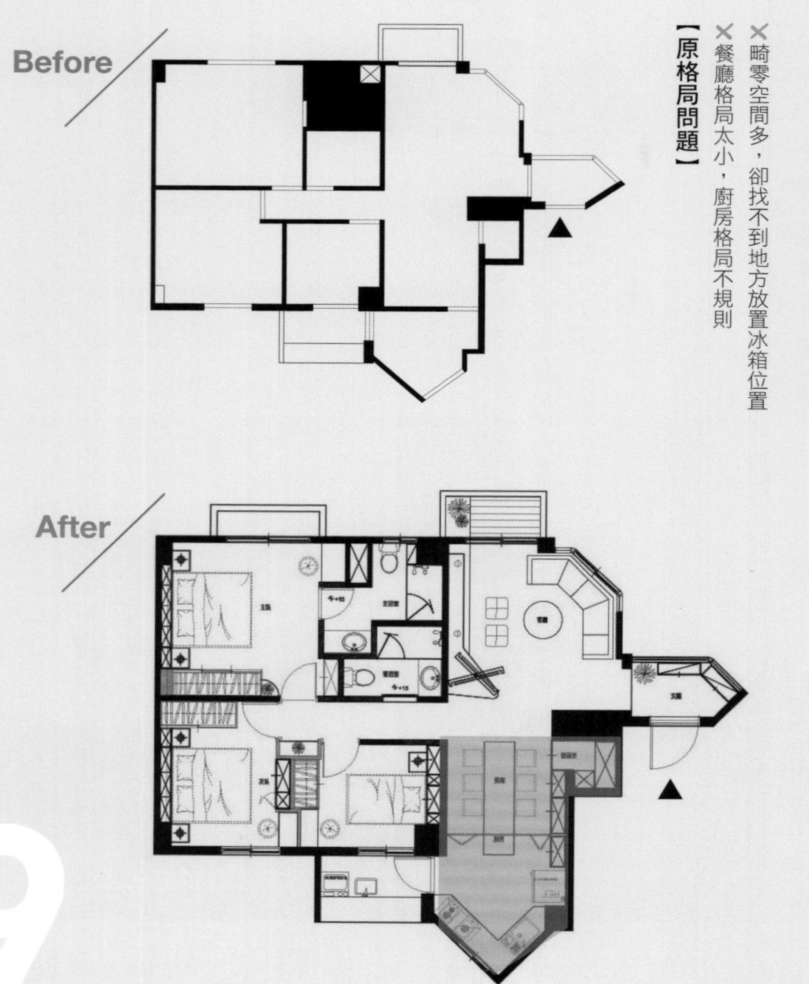

拆除隔間牆＋雙向玻璃隔屏
中島結合餐桌充分利用空間

格局改造重點

STEP 1 雙向玻璃門作隔間 隔絕油煙視覺穿透

將原來密閉的廚房隔間打掉，改以雙向玻璃門作餐廚隔間，不但引入後側的陽光進入餐廳，更可在不影響視覺延伸的情況下，將油煙隔絕。廚房特別規劃與客餐廳相似顏色的木紋進口磁磚，讓空間從客餐廳延伸到廚房，有通透放大效果。

STEP 2 中島結合餐桌 廚房茶水櫃遮冰箱

將廚房不規則處設計流理檯櫃，正好一邊處理水，一邊處理火，而轉角處用小怪物增加收納機能。再把冰箱移進廚房空間，並沿著餐廳的餐廚櫃設計一茶水櫃，正好遮住冰箱側板；餐桌延伸至廚房中島連成一氣，延伸視覺、放大空間感。

Case Data｜電梯大樓．中古屋．32坪．3人
個案圖片提供｜天涵空間設計．楊書林

廚房與客房對調 打造清爽療癒親子宅

“廚房在房子中央，油煙易四溢，
架高式客房壓迫，下方收納使用不便。”

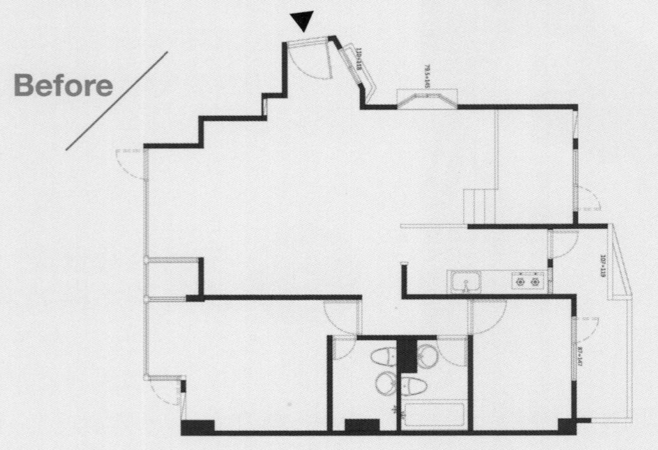

【原格局問題】

✓窗戶多，各個空間都很明亮

✕架高客房顯得壓迫，下方收納使用不方便

✕廚房在房子中間，容易有油煙問題

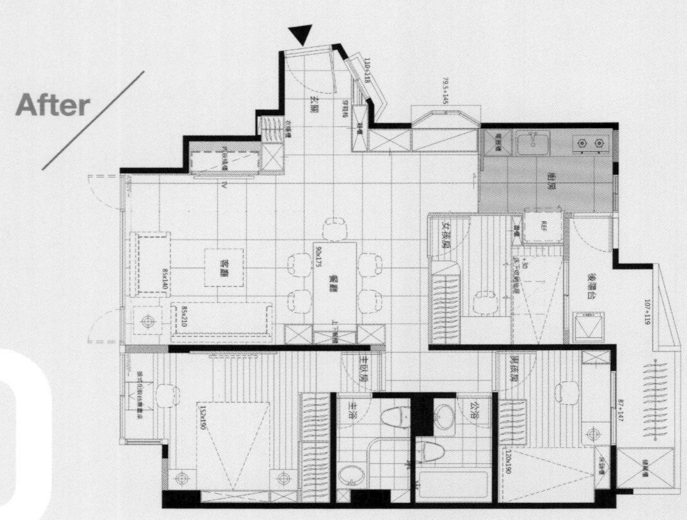

40

隔絕油煙，孩子擁有自我空間

空間對調＋雕刻拉門＋加大陽台

格局改造重點

STEP 1 對調空間 格局分配更合理

由於原本廚房位於中央，容易讓油煙漫溢到整間房子，架高式客房因天花高度不高顯得壓迫，下方收納也使用不便。因此拆除架高客房規劃為廚房，並串聯到後陽台空間，原廚房空間規劃成女兒房，空間配置合理，符合屋主一家人需求。

STEP 2 雕刻拉門 避免油煙進入室內

廚房及客房對調後，避開一進門看到廚房的雜亂外，也讓動線更加順暢。運用一道玻璃雷射雕刻拉門，賦予視覺美感焦點，更可視需求開闔，開啟時與開放式公領域串聯，加大空間也可將採光引入；門闔上杜絕油煙，盡情大火快炒。

Case Data | 電梯大樓．中古屋．26坪．4人 **個案圖片提供** | 采金房室內裝修設計．林良穗

運用通往陽台廊道 小坪數廚房也能有吧台餐桌

41

“廚房位置被固定，空間又小，無處規劃想要的吧台與擺放設計家電。”

Before

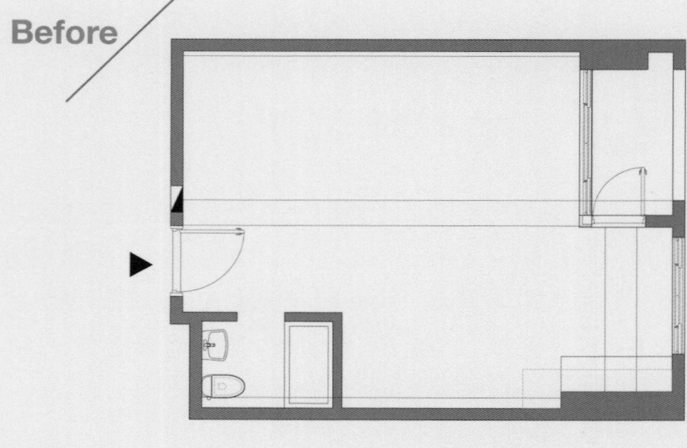

【原格局問題】

✕坪數小只能規劃1房1廳，屋主想要2房2廳

✕衛浴、廚房、陽台空間分散，格局使用破碎

After

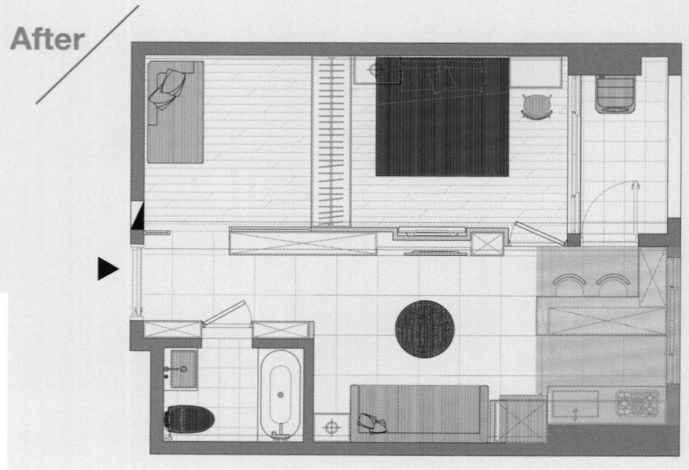

L型吧台+仿水泥量體天花

善用動線，規劃出吧檯串聯餐廚

格局改造重點

STEP 1 善用挑高優勢 隱藏冷氣主機

空間愈小，比例的切割、量體的呈現，是不可或缺的組成元素。這個擁有3米高優勢的空間，卻把最好採光放置廚房，運用仿水泥量體天花隱藏冷氣主機及抽油煙機管線，並利用白色櫃體及黑色底牆，營造空間的簡潔及俐落。

STEP 2 L型開放吧台 劃分動線引光入室

因應屋主想要的餐廳吧台，運用廚房通往陽台的動線，規劃90公分高的L型吧台充當餐桌，底下則可收納碗筷及電器，側邊還可規劃客廳書架。開放式的吧台與廚房設計，靠近窗台的平台可放置屋主收藏的設計小家電，營造居家風格。

Case Data | 電梯大樓．新成屋．15坪．2人 **個案圖片提供** | 樂沐制作設計．陳聖元、張晏甄、黃子庭

利用玄關櫃設計活動餐桌 餐廳變大變小自己來

" 一進門就是客廳，
根本沒有地方隔出玄關及餐廳。 "

Before

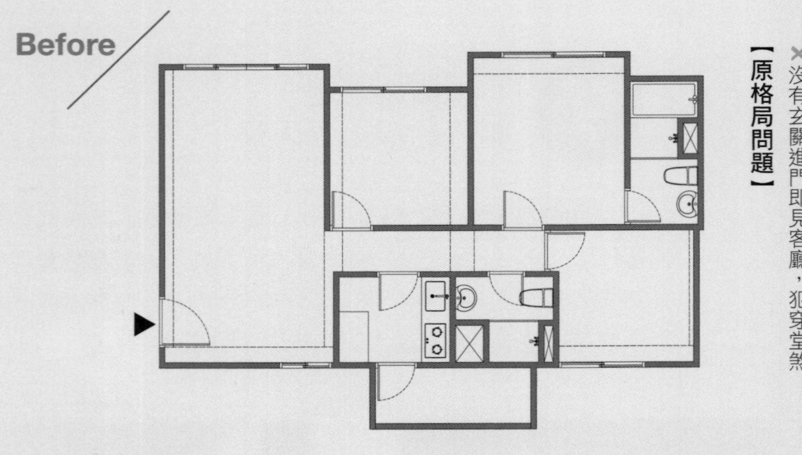

【原格局問題】

✕找不到地方規劃餐廳

✕沒有玄關進門即見客廳，犯穿堂煞

After

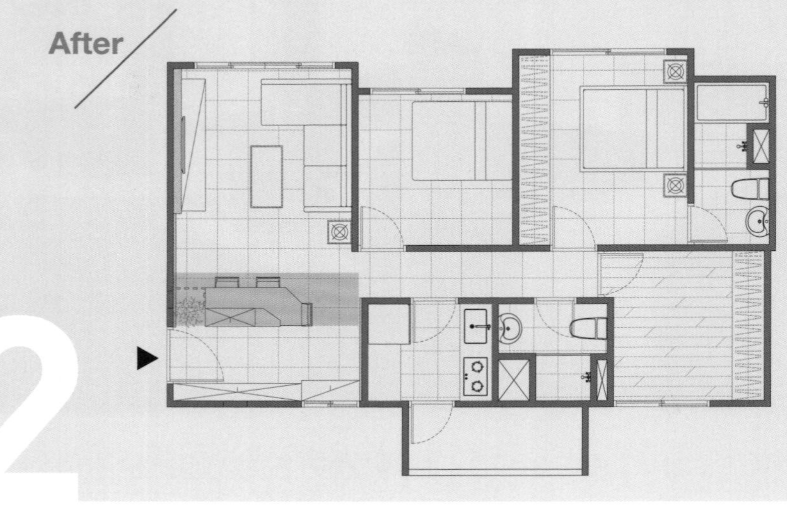

42

一桌兩用，活動式餐桌可大可小

玄關屏風＋嵌入餐桌

格局改造重點

玄關櫃隔屏
阻擋穿堂煞

標準三房的居住空間，一進門即是一望無際公共空間，有穿堂煞，在不想更動格局的情況下，除了利用門後牆面規劃大型櫃體收納外，並利用格柵玄關櫃，區隔玄關與客餐廳空間，避開穿堂煞問題，也讓客廳自然光線進入玄關。

STEP 2

嵌入式餐桌
變化餐廳使用機能

面對長度不超過6米，寬度僅有330公分的狹長型公共空間，在規劃玄關及客廳後，便沒有餐廳位置，因此利用玄關櫃中間嵌入一個不規則五邊形餐桌，平時看似玄關平台，可供2~3人使用，客人來訪則將餐桌拉出，可容納5~6人左右。

Case Data | 電梯大樓．新成屋．21坪．2人　**個案圖片提供** | 樂沐制作設計．陳聖元、張晏甄、黃子庭

浴室與書房整併 變身陽光開放大餐廚

“這個房子格局及動線很奇怪，好想要一個開放式餐廳及廚房。”

Before

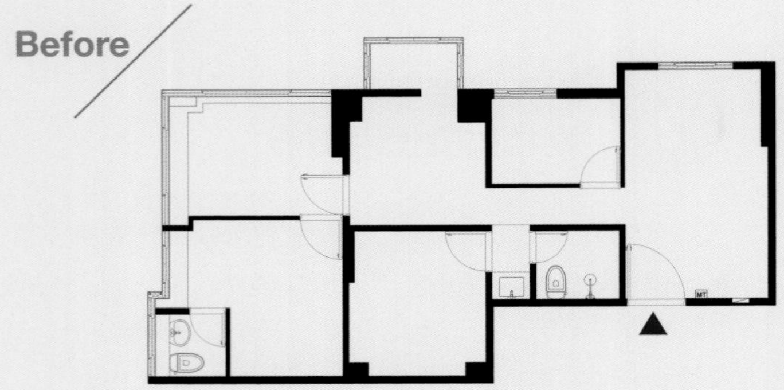

【原格局問題】

✕格局分配不合理，2間衛浴都太小、不好使用

✕廚房位在房子中心，並佔掉餐廳採光

After

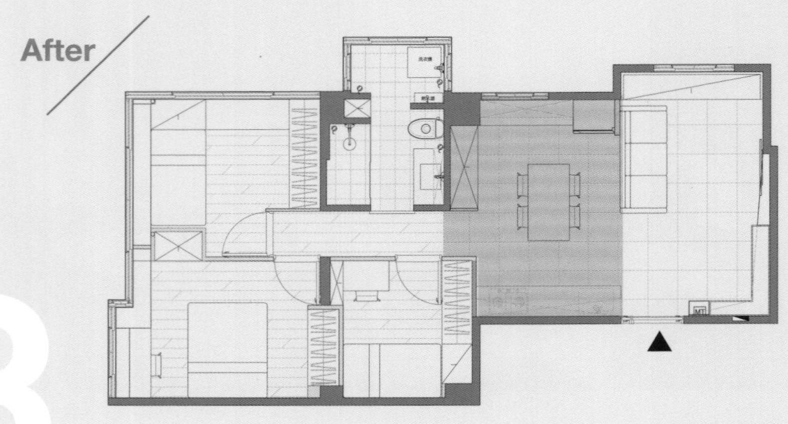

43

浴室廚房對調，房子面貌大不同

拿掉浴室＋變身開放式廚房

格局改造重點

對調廚房衛浴與餐廳串聯開放

這間10年中古屋的房子格局十分奇怪，受限衛浴及廚房都在房子中間，使得公私動線進出不方便，因此將原本密閉廚房及衛浴彼此對調，管線就不需大更動，並把廚房與餐廳採開放式設計，與客廳連成一氣，變成一家四口最喜歡的場域。

STEP 2

利用不同地坪界定空間

開放式廚房設計，讓餐廳的採光得以進入，同時依牆面及壁面設計大量收納櫥櫃，符合需求。且顧及廚房的湯湯水水及清理方便，雖然全室鋪設木地板，但在廚房則運用灰色六角磚地磚鋪陳，界定場域。

Case Data | 電梯大樓．10年中古屋．22坪．4人　**個案圖片提供** | 樂沐制作設計．陳聖元、張晏甄、黃子庭

化封閉為開放 大地色廚具木質文青風

"想要可以閱讀、工作、料理輕食的餐廚天地，但是廚房被關起來了。"

【原格局問題】

✓廚房有通後陽台，有採光

✕廚房略顯狹小且封閉

✕封閉式廚房，造成空間產生廊道

Before

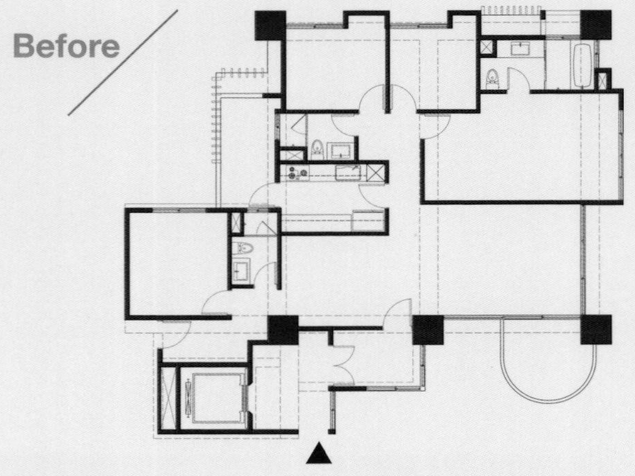

After

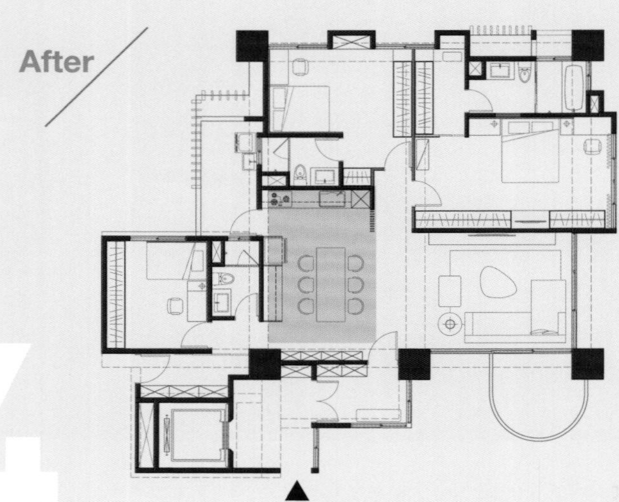

44

輕食、工作、閱讀的自由平台
開放廚房＋吧台＋餐桌

格局改造重點

把隔牆移除
開放廚房融入公共空間

舊廚房門口，與通往私領域動線形成狹長通道，並截斷客餐廚區的整體風格。於是拆除廚房隔牆後，多入口的瑣碎狹長感消失，僅保留一道木感小立面作為廚房界定，與客廳木紋沙發主牆做完美過渡延續，讓客餐廚畫面更具融合與延伸。

STEP 2

中島吧台連結餐桌
料理、用餐、工作三合一

開放廚房並規劃中島吧台，結合訂製餐桌，材質用色則走向中性調的大地色、輕盈木紋、石材紋理與水泥淺灰調的搭配，滿足白領菁英業主擁有閱讀、工作、輕食料理三合一的休閒區，成為最愛的生活重心。

Case Data | 電梯大樓 · 新成屋 · 43坪 · 1人　**個案圖片提供** | 奕所設計 · 李軍漢

白色開放式餐廚 讓光線與視線擴散滿滿收納

45

"封閉廚房，卡在玄關餐廳的動線上，採光不佳，通風不良，餐廚又暗又悶。"

Before

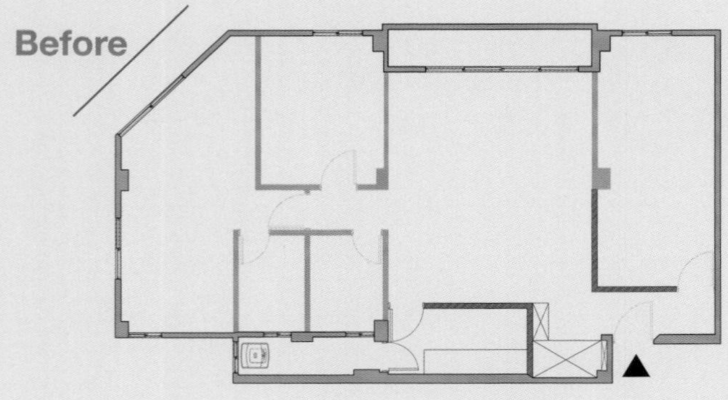

【原格局問題】
✕餐廚區沒有對外窗，採光不佳，既暗又悶
✕封閉廚房，實牆阻礙出入流暢性
✕廚房卡在入口與餐廳的動線上

After

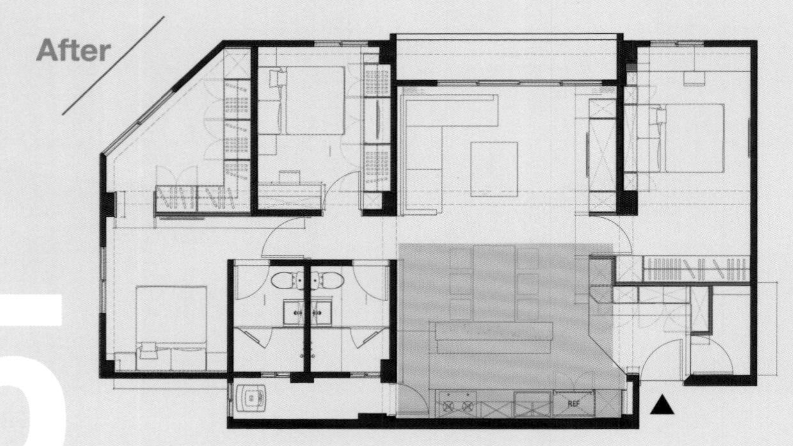

半高矮屏風＋中島吧台下可收納
純白廚具配人造石餐桌，簡約明亮

格局改造重點

STEP 1 以半高矮屏風取代實牆 藉由中島吧台界定餐、廚

拆除封閉式廚房的實牆，將廚房開放，並以半高矮屏風區隔出餐、廚，透過中島吧台的巧立，下半部可做收納櫃，更剛好將廚具下半部的爐灶、流理臺、料理工作區完全遮擋，只留流線優美的吊櫃化為室內美景之一。

STEP 2 開放式設計與白色基調 讓光照可漫注空間最深處

廚具特意挑選純白鋼琴烤漆，搭配白色烤漆玻璃牆面與素雅的白色大理石餐桌，僅在半高矮屏風採木紋色調，延續著從客廳天地壁一路延伸而來的白淨與明亮，光照也可順勢漫入位於空間深處的廚房，保有令人舒服的清新寬敞感。

Case Data｜公寓．40年老屋．30坪．3人　**個案圖片提供**｜奕所設計．李軍漢

46

廚房轉向斜切 旋轉吧台有如置身咖啡館

> “廚房面向客廳，出入動線卡卡，封閉格局，不符合年輕夫妻喜好。”

【原格局問題】

✕餐廳採光不足，吃飯的地方略顯陰暗窄小

✕廚房入口方向不佳，無法跟餐廳連成一氣

Before

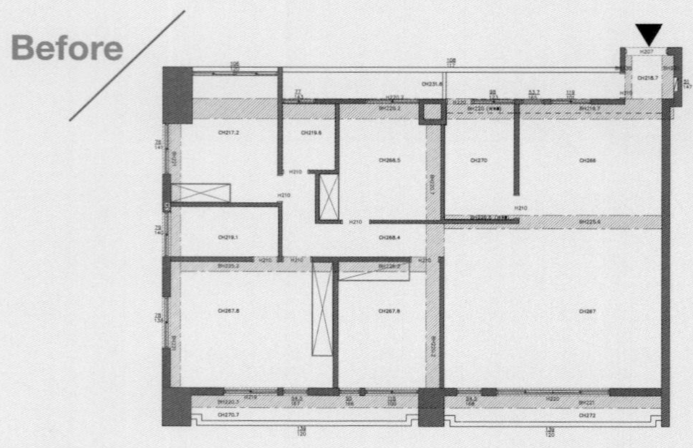

After

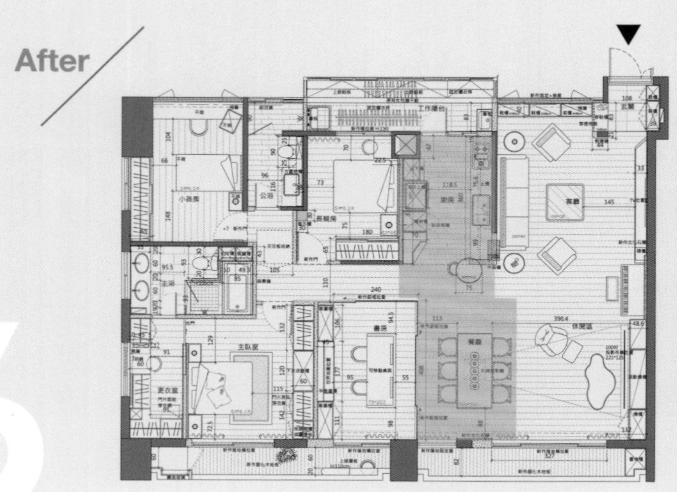

開放格局＋旋轉吧檯
與餐廳位於同一軸線的絕妙改造

格局改造重點

開放廚房斜切 增設旋轉吧台

將廚房開放並轉向餐桌，形成位於同一軸線的順暢動線，而廚房入口右側，巧思規劃成活動收納圓桌板與小吧台，高腳椅一擺，就是渾然天成咖啡吧；左側則採45度斜向櫃設計，化解因廚櫃厚度所形成的突兀轉角，擺放咖啡機剛剛好。

STEP 2

餐桌半窗降低窗台 窗外營造綠色端景

將餐桌旁窗戶降低窗台高度，大面落地清玻外是刻意設計的綠色造景，無論從餐桌、廚房、客廳、入門處都能一眼望見自然端景，拉大窗戶尺寸後，光線亦能從此處增量照進，搭配純白、木紋、文化石等裝飾元素，成功營造屋主最愛的北歐風格。

Case Data | 電梯大樓．40年老屋．43坪．2人

個案圖片提供 | 星葉設計．林峰安

半透光高櫃取代廚房隔間 餐廳變明亮躍升為居家中心

47

> “餐廳位於空間中心點，
> 光線進不來，用餐區顯得陰暗黯淡。”

【原格局問題】

× 餐廳旁兩間臥室入口形成畸零小走廊

× 廚房隔間牆擋住自然採光入內

× 餐廳位於空間中央，光線照不進來

Before

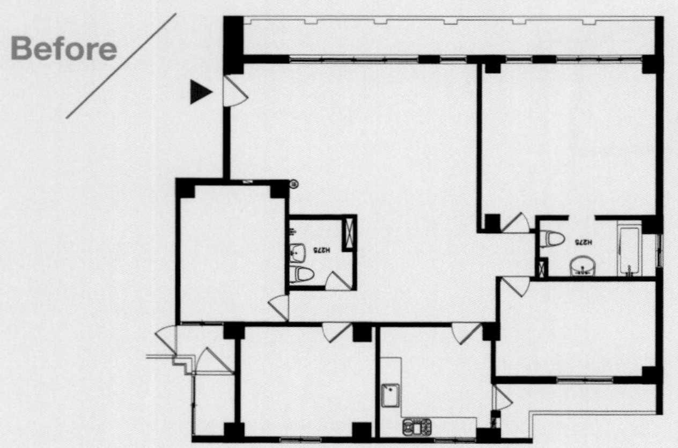

After

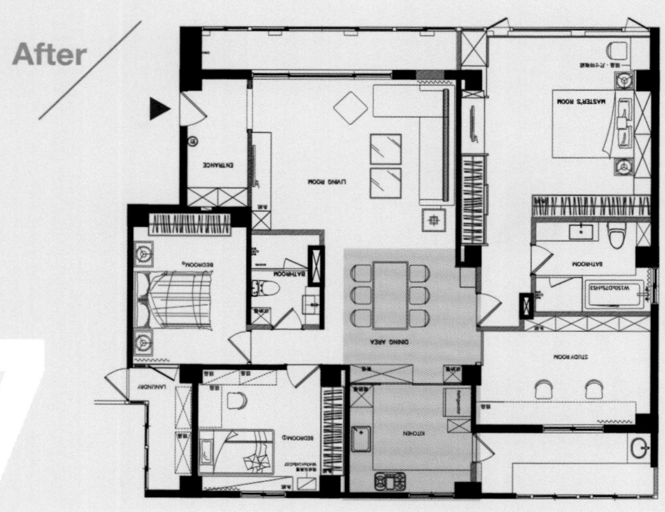

引光入室，讓餐廳成為家的重心
打掉隔間牆＋透光美型高櫃取代

格局改造重點

半透光高櫃當隔牆 引光線兼具展示與收納

顛覆一般以開放吧台或中島的打開廚房隔間的作法，保有廚房的獨立空間，改採落地展示高櫃結合噴砂玻璃背牆處理，不僅為餐廳區引入光線，也避免開放式廚房干擾一旁主臥的作息與動線進出，將公私區隔分明，還給靜謐舒眠氣氛。

STEP 2

主臥入口牆面拉齊 消弭餐廳旁格局凹陷

餐廳旁原有兩間臥房因出入口面對面而形成的凹陷角，使整個用餐區視覺流於瑣碎，因此先將牆面拉平，再將兩間房的開門變更在同一平面，最後以對稱古典白格門作為兩扇門的外觀修飾，消彌畸零感，增加視野的平整與和諧。

Case Data｜電梯大樓．30年老屋．36坪．5人　**個案圖片提供**｜陶璽設計．林欣璇

48

打掉一房分給客餐廚 變身水藍明亮聚會場域

"舊廚房獨立封閉，空間雖大，
卻放不下冰箱，餐桌也沒有地方擺放。"

Before

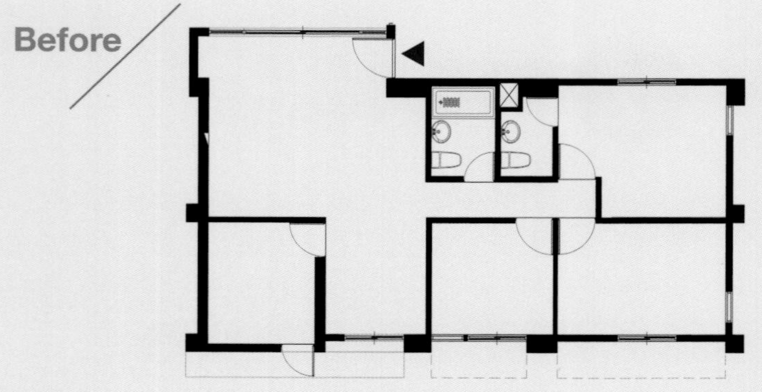

【原格局問題】

✕廚房雖大卻無法擺冰箱，餐桌也不知擺那兒

✕廚房為封閉式，不符合女主人的開放式

After

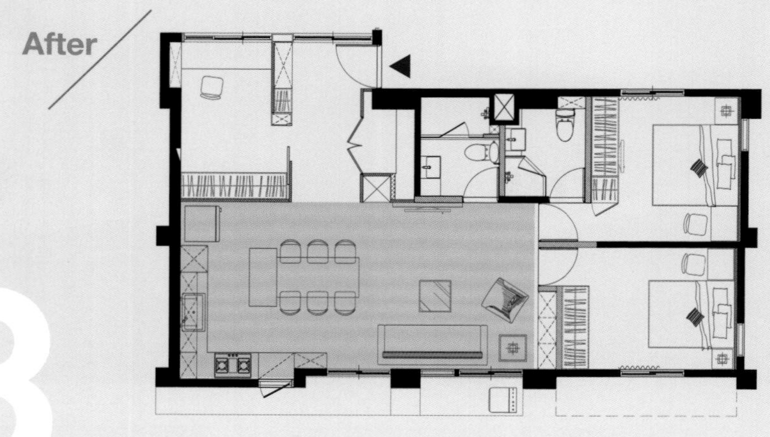

光線流洩，動線暢快悠閒下廚用餐
打掉一房＋開放式客餐廚

格局改造重點

STEP 1 減少一房給公領域 串聯客餐廚空間寬敞

由於使用成員僅有3人，3房打掉一房把空間給公領域，透過開放式的設計，讓客、餐、廚融為一體，而光線也得以流洩入內，整個空間寬敞明亮。於餐桌上懸掛一盞優雅吊燈，由入口走廊望過去，映入眼簾是一幅美麗又美味的鄉村風景畫。

STEP 2 水藍色配色 在最愛的鄉村風愉悅下廚

將廚房開放，以L型廚具搭配中島吧台結合餐桌，原先擺不下的冰箱也找到適合的擺放處。純白櫃體搭配水藍色壁面與花磚，佐搭美好的自然採光與木頭餐桌椅，營造出女主人最愛的鄉村風，更是親朋好友造訪時的悠遊聚會場所。

Case Data｜電梯大樓．30年老屋．26坪．3人　**個案圖片提供**｜陶璽設計．林欣璇

一整面星巴克城市杯牆
客餐廚合一下廚用餐更有味

> “只有28坪，卻硬擠下四房，
> 壓縮到公用空間，餐桌怎麼擺都尷尬。”

【原格局問題】

✕客餐狹小單面採光，封閉廚房遮住光照入

✕坪數小、房間多，導致空間零碎

Before

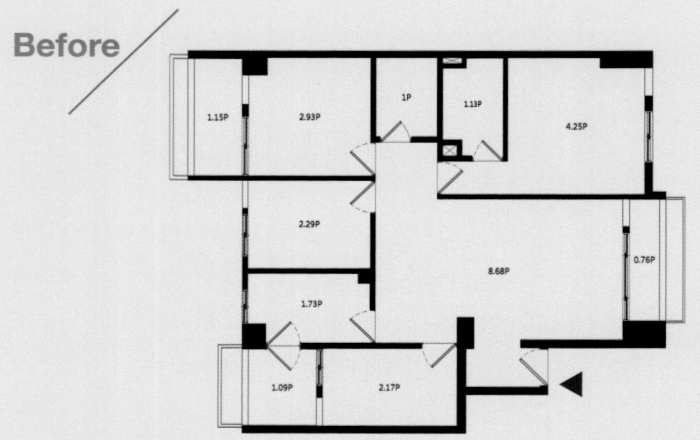

After

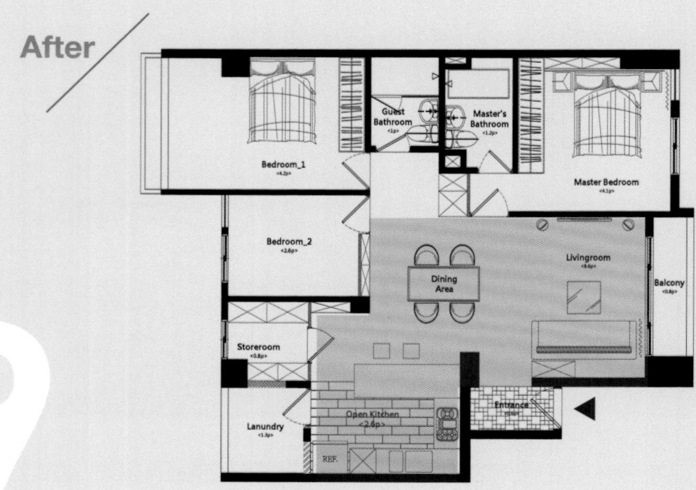

49

狹窄居家變大，旅遊記憶滿滿
放大開放餐廚＋星巴克城市杯牆

格局改造重點

將房間打掉給廚房 開放設計引進後方光照

將原本位於廚房旁的房間一半規劃為儲藏室，一半納入餐廚區，讓廚房得以擴充配置L型搭配中島吧檯。打開廚房實牆後，房子後方光照一併引入，解決原本公領域只有單邊採光的陰暗，將客餐廚全部連結一起，突破舊格局的狹窄。

STEP 2

星巴克城市杯牆 增加用餐趣味

從廚房吧台轉向餐廳區，餐桌所鄰靠端景面，被依屋主的蒐藏嗜好而規劃為星巴克展示櫃牆混搭木紋包覆，不僅呼應電視主牆清水模板的輕工業北歐風，一邊吃飯一邊聊聊每個杯子的背後故事，才是有趣的生活日常。

Case Data｜電梯大樓．30年老屋．28坪．2人　**個案圖片提供**｜陶璽設計．林欣璇

廚房中島直向改橫向 六人餐桌熱鬧加分

> “中島位置很奇怪，無法跟廚房搭配，餐桌也因此怎麼擺放都不適合。”

Before

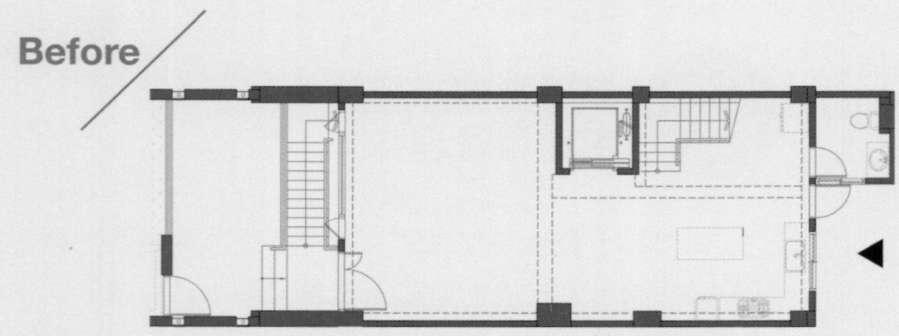

【原格局問題】

✕中島側面正對客廳，導致餐桌無法擺放

✕廚房中島與電梯門呈垂直角度，干擾進出動線

After

50

烹調區小改變，享用美食不設限

調整中島+重製餐桌+氣氛營造

格局改造重點

STEP 1 中島翻轉90度 餐廚空間更充裕

原本廚房中島位置與電梯大門垂直，從電梯一出來就會正視中島，若將餐桌緊鄰中島排列，則中島與餐桌合在一起的長度會過長，進而干擾客廳動線，於是調整中島方向，逆時針轉90度，讓中島與廚房的對應更和諧，餐桌也能自然呈現。

STEP 2 長形餐桌 容納更多人用餐

由於屋主的親朋好友眾多，特別規劃一張能夠至少容納六至七人入坐的長形餐桌，另外在客廳與餐廳之間設置黑色玻璃門片，替兩處空間做出明顯分隔，雙方保持獨立卻又隨時可進行互動，餐廳因而成為屋內重要的社交中心之一。

Case Data | 別墅 · 新成屋 · 100坪 · 4人　**個案圖片提供** | 子境設計 · 古振宏

拆除和室併入餐廚 有捨才有得的裝修哲學

“廚房很狹窄，進出都不方便，
明明室內面積不小，卻沒地方擺餐桌。”

【原格局問題】

✕餐桌怎麼擺都不對位，跟廚房的動線不搭配

✕雖然空間很大，廚房卻很小

Before

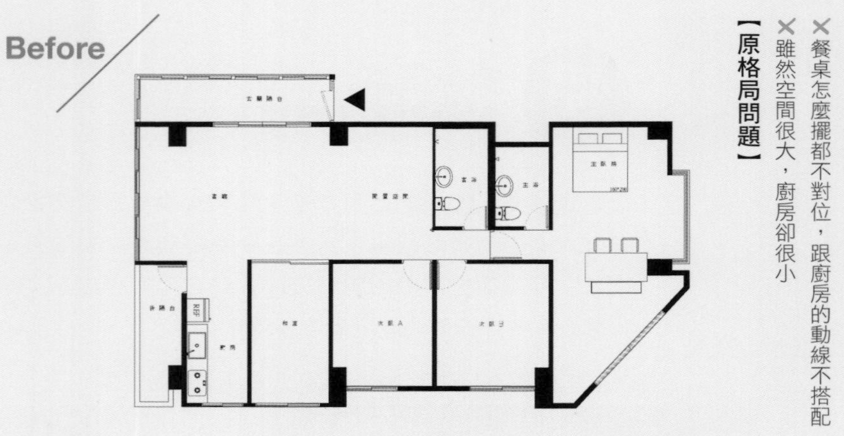

After

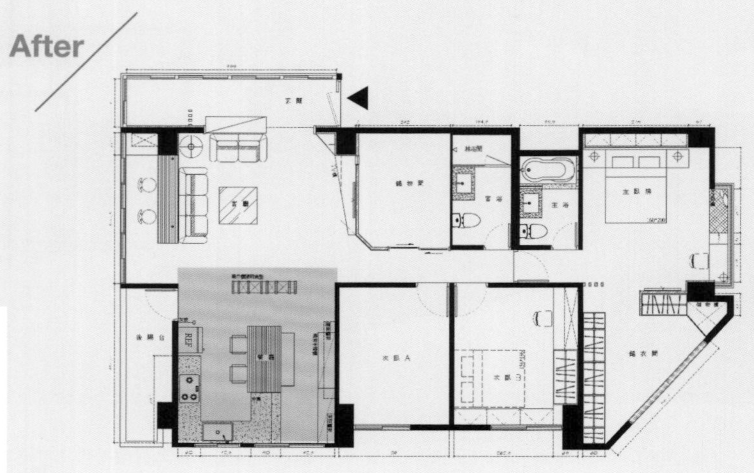

51

被遺忘的廚房，躍為居家社交重心
擴大餐廚＋廚具重選＋加強採光

格局改造重點

拆除和室 開放放大餐廚區

原始格局中，廚房旁邊是一間和室，但使用頻率相當低，且因為和室的關係，導致廚房面積受到壓縮，於是直接將和室拆除，讓廚房空間得到擴充，還順勢增添中島與更換廚具，同時餐桌也與中島結合，藉此創造更完整的餐廚區功能。

STEP 2

採光多一倍 家人歡聚用餐更有味

舊有的廚房雖然也有對外窗，但受限於整體格局的狹小，所以光線難免有點施展不開的感覺，經過改造後的餐廚區，因為沒有牆壁的阻隔，窗戶多了一扇，採光也增強一倍，搭配大量使用的實木元素與特色軟件，雋永魅力讓人難以忘懷。

Case Data | 電梯大樓 · 10年中古屋 · 38坪 · 2人　**個案圖片提供** | 天晴空間設計 · 陳怡如

光線與色彩的完美平衡 空間再蛻變的精采體驗

“廚房侷限在一個小區域，感覺很悶，若餐廳能接近廚房，料理會更有效率。”

Before

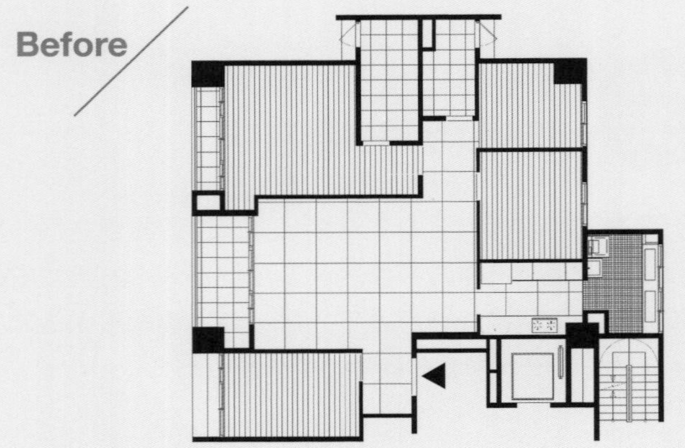

【原格局問題】

✕獨立廚房擋住部分採光，室內明亮度稍嫌不足

✕4房格局，餐桌位置擁擠，影響客廳空間使用

After

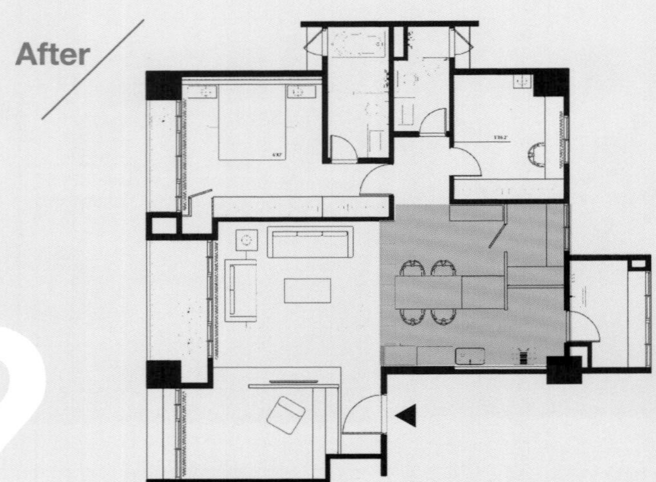

52

合二為一，廚房與餐廳的顛覆印象

打開空間限制＋廚房靈活運用

格局改造重點

拆一道牆
公私領域互換

原有格局為四房，首先將其中一間客房牆面移除，退縮作為儲藏室使用，更增加了空間的實用性及收納機能，也使餐廳空間更加寬敞，同時在餐廳空間規劃一座中島與餐桌整合應用，也使得餐廚空間的使用更加靈活。

STEP 2

回歸設計本質
簡單俐落的美好

針對餐廚區選擇簡單俐落的風格調性，應用少許的木皮增加自然溫潤感，家具挑選上也選用了木質家具做搭配，廚房壁面上則使用AICA壁板的水泥灰系列延伸呼應公共空間的樂土灰色彩，並且將陽台綠意風景及自然光線引入室內。

Case Data｜電梯大樓．新成屋．30坪．3人　**個案圖片提供**｜木介空間設計．黃家祥、黃義峰

53

客廳消失不見 以餐廚為中心的非傳統住家

“原本是一戶，後來隔成兩戶，現在又需再恢復成一戶，空間很難喬。”

Before

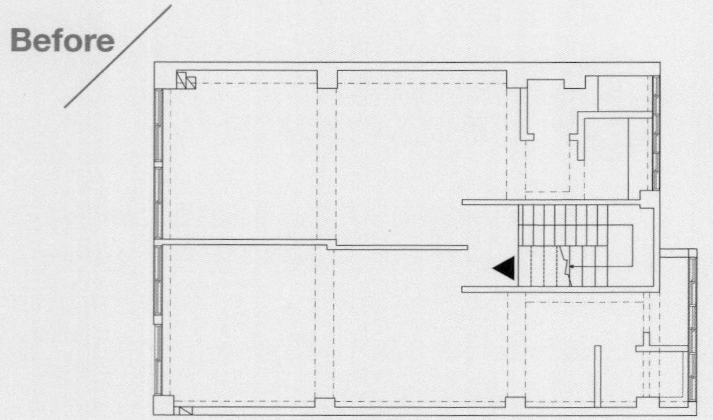

【原格局問題】

✕空間有限，同時規劃客廳與餐廚，都很狹小

✕原是一戶隔成兩戶的格局，每個空間都很小

After

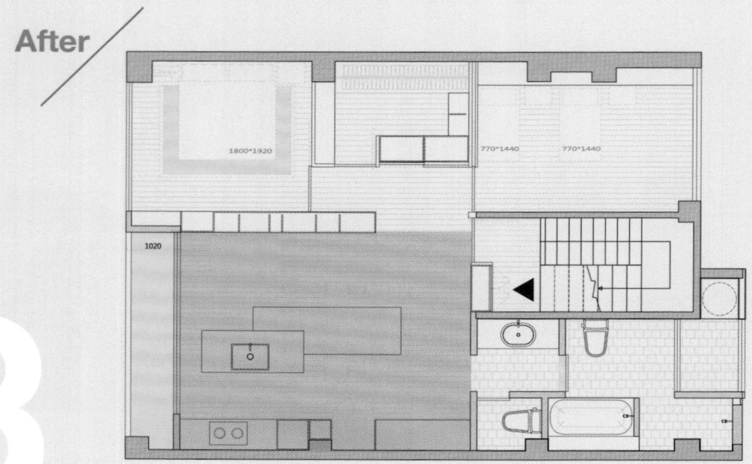

50年老宅翻新，掀起一場住家革命
有捨才有得＋中島與餐桌合一

格局改造重點

不需要客廳？那就直接移除！

因為室內坪數僅22坪，要住4個人，空間勢必要做最有效利用，屋主直言全家人不看電視，不需要客廳，但需要一個大餐廳凝聚全家人感情，於是從善如流移除客廳，改以中島＋餐桌的格局取代，創造優質用餐環境，也顛覆住家面貌。

STEP 2

中島也是書架 餐桌也是書桌

由於全家人都愛看書，餐桌平日也做為書桌使用，但設計師的企圖不僅於此，不僅應屋主要求將中島背面設計為童書展示架，方便小朋友隨時閱讀，另外在餐桌後方規劃一整片書牆，形塑濃郁人文氣息，藉此成為公、私領域的分隔界線。

Case Data｜公寓・50年老屋・22坪・4人　**個案圖片提供**｜裏心設計

精品飯店風 舒適便利隱私一次到位

"主臥入口多出來一截短走道，
完全不能用，造成空間坪效的浪費。"

【原格局問題】
✕臥室設計不合乎使用者需求，風格陳舊老氣
✕主臥開門位置的原始設計有誤，多出短走道

Before

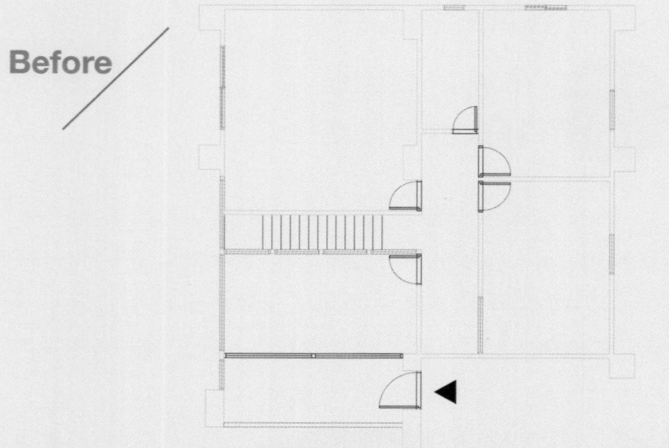

After

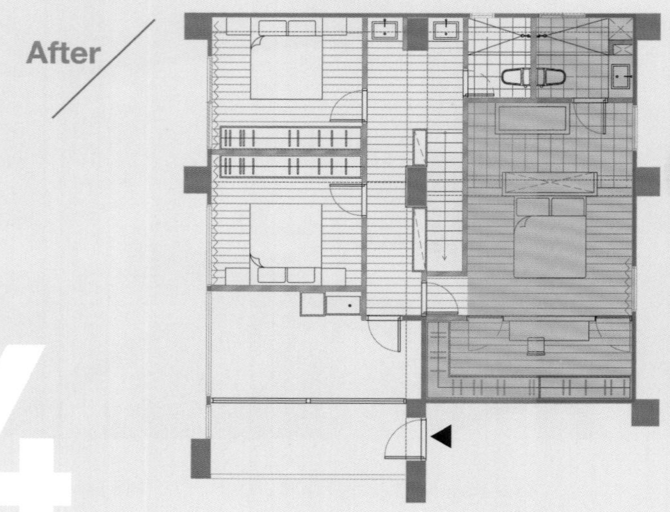

54

軟性分界＋靈活動線+層次延伸
多變空間，看見循序漸進的可能

格局改造重點

STEP 1 分成三區 強化空間層次

主臥依序分成三個區域，最前方是書桌兼工作桌，中側為床鋪，最後方為浴室，書桌與床鋪之間以紗簾做區隔，既維持了空間的開闊性也保有隱私，讓男女主人能夠分別在房內不同區域活動，卻又不會相互干擾，突顯空間的多元層次感。

STEP 2 大型儲物櫃 創造雙動線

床鋪與浴室之間設置一座大型儲物櫃，替兩處區域設定明確界線，且櫃體左右兩側的通道讓人能夠自由進出，確保行走動線的靈活度。櫃體後方浴室採開放式設計，儲物櫃可收納毛巾、睡衣，使用者得以在最悠閒狀態下洗滌全身疲憊。

Case Data｜複式樓層．新成屋．64坪．4人
個案圖片提供｜晨室設計．陳正晨

55

有限空間的無限可能 小臥室大坪效的實用概念

“主臥呈長形格局，不知該如何規劃，想要有大容量衣櫃又怕會讓空間變小。”

Before

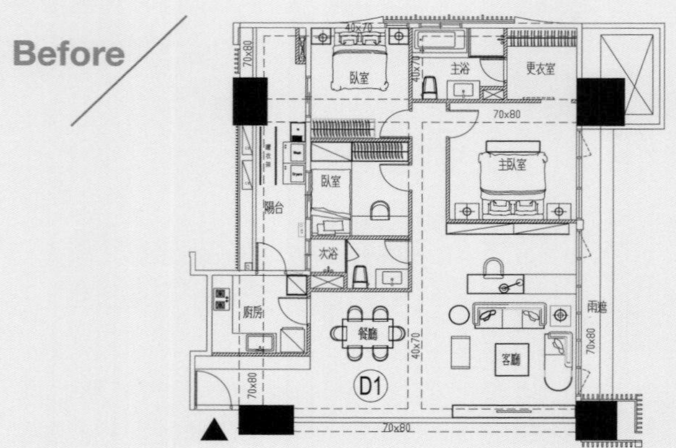

【原格局問題】

✕主臥一進門直接看到廁所，希望能夠隱藏起來

✕主臥格局呈長形狀，不易規劃

After

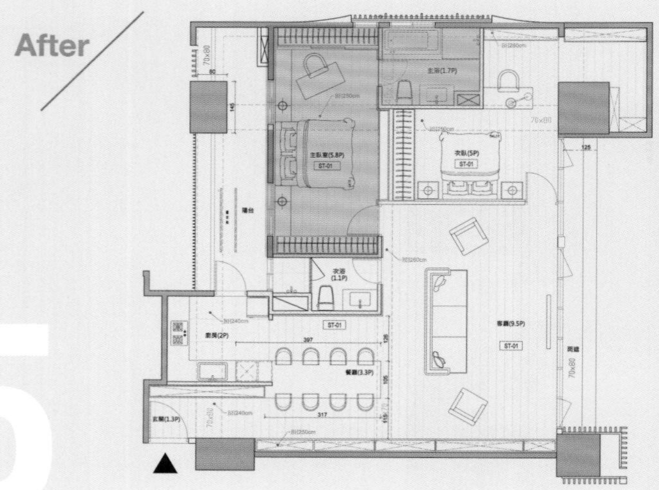

善用邊角優勢，改變格局配置

無門片衣櫃＋格柵百葉＋引光

格局改造重點

STEP 1 大容量衣櫃 增收納拉抬景深

主臥室入口左側規劃為衣櫥，為了增加容納量同時不壓縮空間，刻意不安裝門片，這樣一來可擺放衣物的數量增加，還能強化視覺深度。而在另外一側的窗前也規劃半開放式衣櫃，將日光當成天然除濕機，保持衣物及室內空氣的乾爽。

STEP 2 壓低床鋪 隱藏廁所

將床鋪高度降低，移除床架，只留下床墊，搭配木地板，散發清爽無壓的氛圍。另外針對廁所設計隱形門片，當門關上時，看起來跟一片實牆無異，主臥室的視覺效果因此變得更加完整，也還給屋主一處隱私靜謐天地。

Case Data｜電梯大樓．新成屋．40坪．2人　**個案圖片提供**｜晨室設計．陳正晨

機能決定造型 開放主臥打造好心情

"主臥室太小，感覺拘束重重，
房間廁所只有一扇氣窗，陰暗潮溼。"

【原格局問題】
✕房間廁所只有一扇窗，採光不足
✕主臥空間不夠大，不敷使用

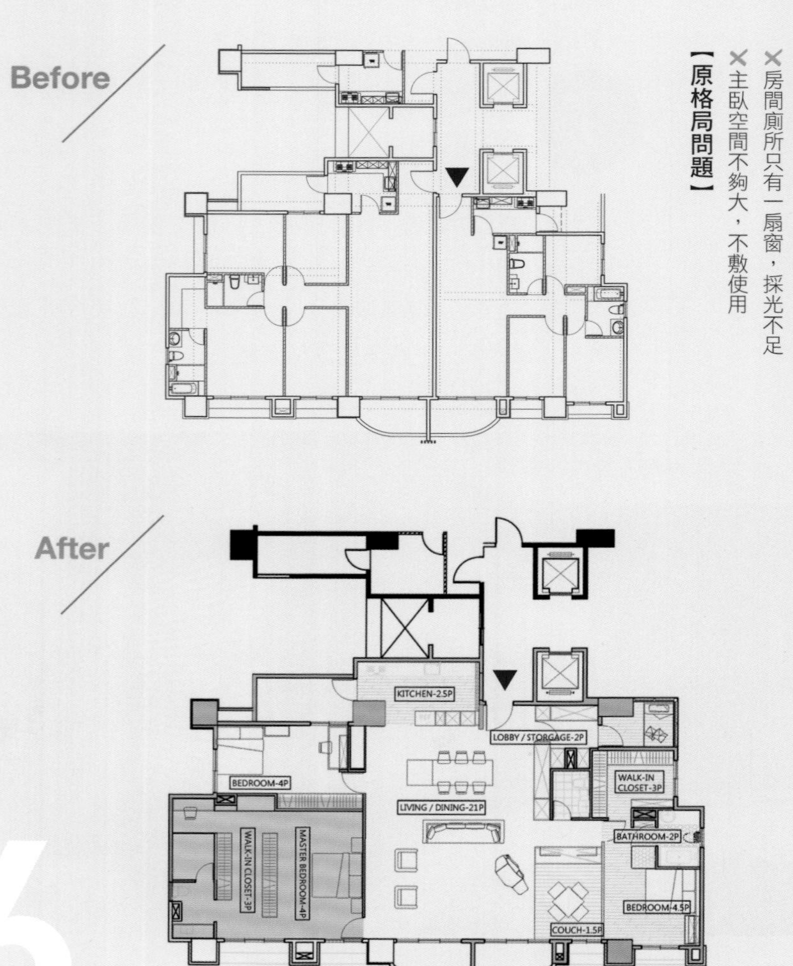

56

顛覆傳統想像，日夜皆美的模樣

放大空間＋玻璃櫥窗＋雙面採光

格局改造重點

STEP 1 移動牆面 擴大空間景深

為了達到屋主所期望擁有大臥室的目標，將原本房間牆壁外推，藉此換來更寬廣的活動空間，同時調整更衣室的陳列方式，透過灰玻與開放式格局，讓更衣間不僅是收納衣物的地方，透過玻璃及鐵件，突顯簡約俐落的時尚美學。

STEP 2 機能優先 生活從此大不同

設計師強調機能在生活中的重要性，人的行為會順應機能而做出改變，例如更衣室灰玻櫥窗在白天與黑夜因為反光呈現明暗對比，進而決定使用者如何看待房間，而開放式的衣櫃更影響衣物擺放的方式，讓人與空間產生獨一無二的互動。

Case Data｜電梯大樓・新成屋・69坪・4人　**個案圖片提供**｜晨室設計・陳正晨

拆掉獨立更衣間 重置格局變身休閒療癒宅

57

“ 主臥衛浴沒有對外窗，
格局不規則，還有一條走道浪費空間。”

Before

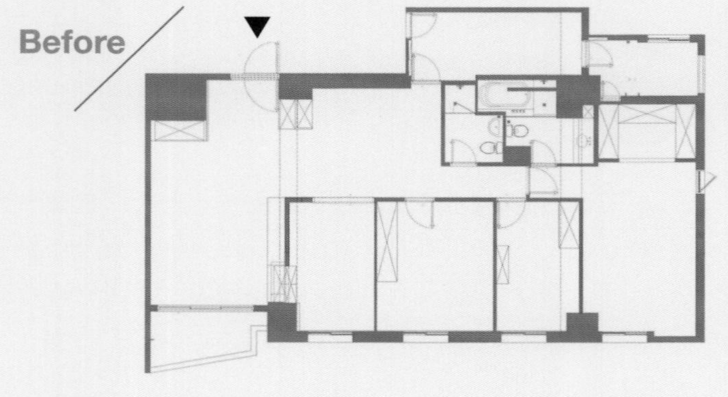

【原格局問題】

✕主臥衛浴無對外窗，濕氣重、通風不佳

✕主臥格局不規則，一進門有走道、浪費空間

After

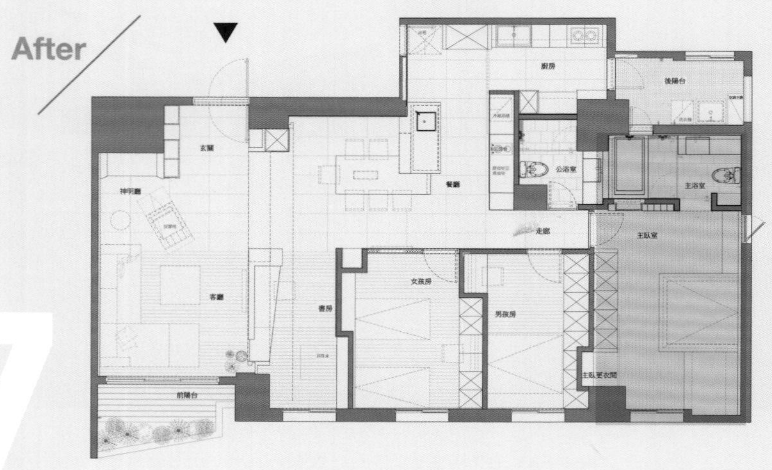

主臥坪數不增，更舒適更好用
切齊主臥格局＋更衣室變開放

格局改造重點

STEP 1 調整格局 打掉更衣室

將入口往前移，並將原位於入口旁的衛浴移到原本獨立一間的更衣室，更衣室則巧妙變為規劃於床尾處的一整排衣櫃，主臥坪數沒增，但原本不規則的格局切齊後，長長走廊不見了，整個動線暢快，空間感也更為舒適，使用更實用便利。

STEP 2 主臥衛浴斜切 保留採光及通風

原本採光通風不佳的主臥浴室，在調整位置及格局後，浴室鏡面下緣運用一道斜切線條，搭配洗手槽人體工學的高度，保留唯一對外的採光通風管道，也整合乾溼領域，自然材質的使用，讓浴室成為主臥最美最自然的藝術展演空間。

Case Data｜電梯大樓．新成屋．42坪．4人　**個案圖片提供**｜大湖森林設計．柯竹書、楊愛蓮

打造回字動線 串聯主臥及衛浴收納多兩倍

> **主臥太過狹小、有樑柱、出入不便，衛浴空間悶又暗，感覺不舒服。**

【原格局問題】

✕衛浴沒有對外窗，易潮溼且容易有惡臭溢出

✕主臥空間過小，且樑柱過多，收納嚴重不足

Before

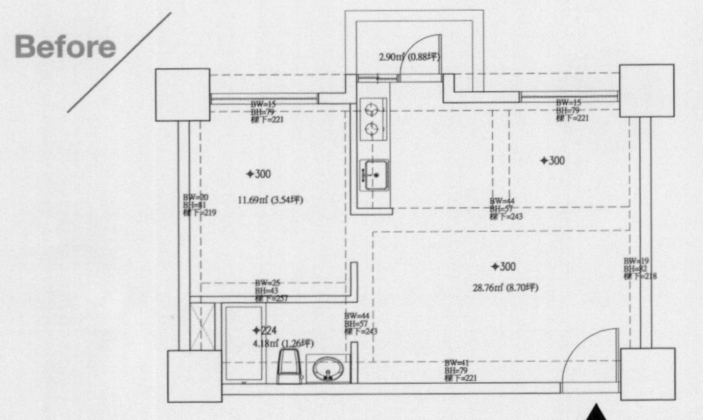

After

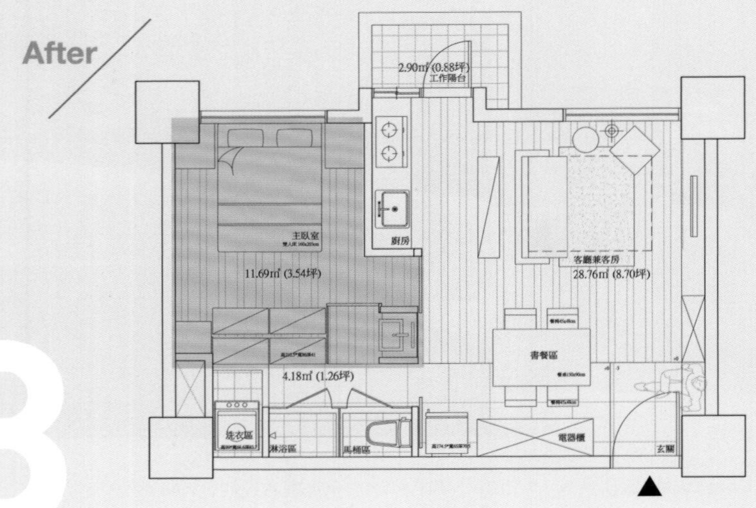

58

格局改造重點

STEP 1 洗臉盆拉至主臥 設計雙動線串聯

把洗臉盆獨立出來，設置在主臥進出衛浴的動線上，並設計雙動線讓進出衛浴有兩組動線進出，分別是由主臥及餐廳進出衛浴，滿足屋主一家人在使用上的各自需求，也讓衛浴的彈性應用更靈活。

STEP 2 拿掉實牆 以收納櫃區隔

主臥因有三面牆無法設計收納，若將唯一牆面設計收納櫃則無法擺床，加上衛浴無採光，因此拆除主臥與衛浴隔牆，改用無印良品的組合櫥櫃做區隔。將衛浴規劃為馬桶、淋浴間及洗水槽三區域，還能放入洗衣機及乾衣機。

拆除隔間牆＋結合主臥與衛浴
回字動線串聯，無印良品居家風

Case Data｜電梯大樓．10年中古屋．15坪．2人

個案圖片提供｜尤噠唯建築師事務所．尤噠唯

活用畸零角落 斜角空間變身浪漫獨享天地

“格局整個都是斜的又有大樑，而且三代同堂，女主人無獨處空間。”

Before

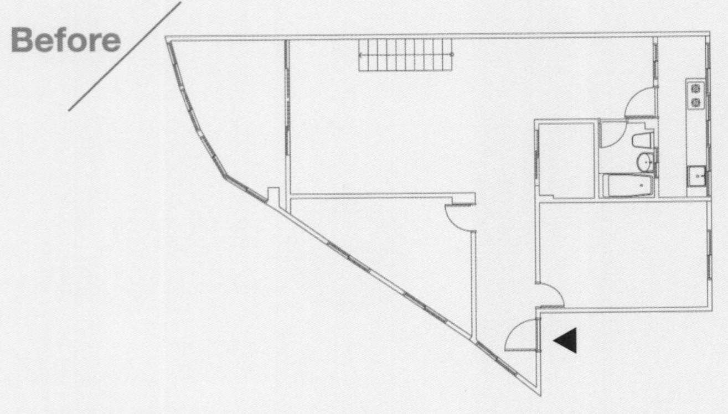

【原格局問題】

✓位於邊間，採光很好

✗主臥突出一塊斜斜的畸零空間，不好使用

✗主臥有一根大樑，有樑壓床之風水禁忌

After

主臥房
客廳
廚房
公共浴室
工作陽台
長輩房
和室桌

59

充分光照，營造明亮鄉村風
立體造型天花＋童趣壁紙

格局改造重點

量身設計天花 立體造型修掉大樑

主臥本身除為不規則有斜邊格局之外，又有一根大樑橫跨空間中間，床怎麼擺都會壓樑。依照現場格局量身設計的造型天花，線條簡潔俐落但有立體感，巧妙包住大樑，搭配斜邊床頭櫃，置身其中，絲毫感覺不出格局是斜的。

STEP 2

純白鄉村桌椅 畸零角落變獨處空間

位於主臥邊緣有一斜斜的畸零角落，很難規劃運用，拿來擺放梳妝桌椅，為女主人打造一處安靜獨處的隱密角落，記記事、做做小手作，加上最愛的Hello Kitty壁紙牆面及純白典雅桌椅，既童趣又高雅，充滿小確幸的美好氣氛。

Case Data｜電梯大樓・20年老屋・25坪・4人　**個案圖片提供**｜伊可傢俬設計・詹文雄、林育如

因地制宜的設計創意 徹底改頭換面的主臥格局

> “臥室擺一張餐桌實在很奇怪，
> 斜面牆不知怎麼用，空間都被浪費了。”

Before

After

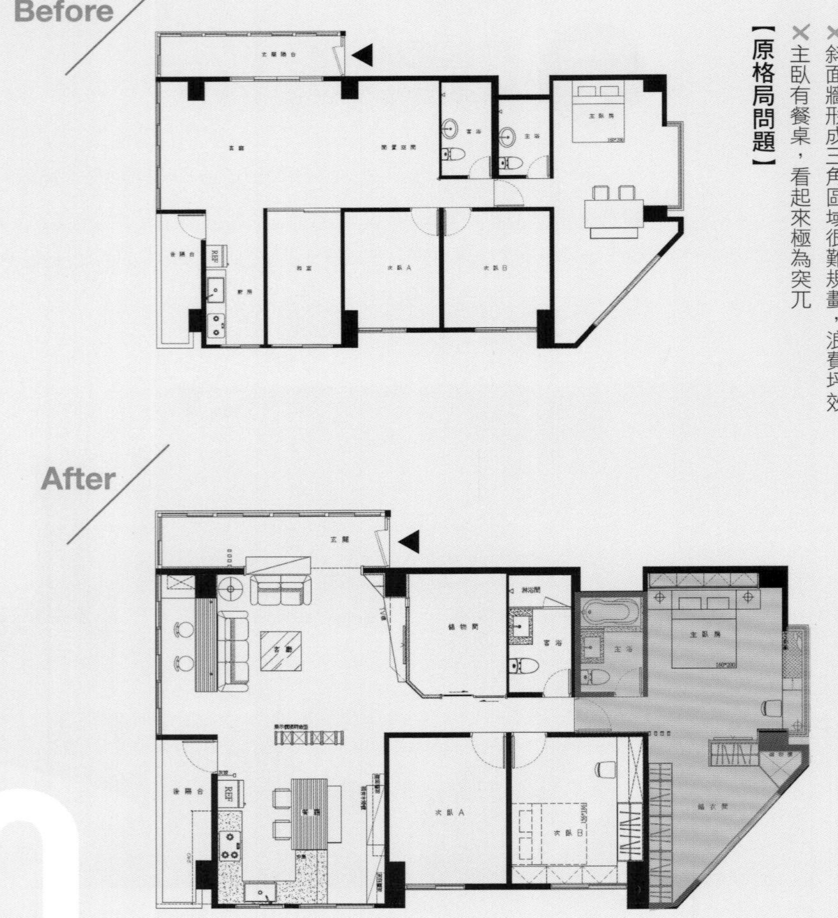

【原格局問題】

✕斜面牆形成三角區域很難規劃，浪費坪效

✕主臥有餐桌，看起來極為突兀

60

用界線分隔，強化不同區域功能

設置臥榻＋電視牆＋規劃更衣間

格局改造重點

STEP 1 角落空間再利用 多元坪效再升級

主臥室擁有大面採光窗的優勢，設計師並沒有單純的只賦予它引光入室的功能，而是沿著窗邊設置臥榻與書桌，讓臥室擁有更多元的使用方式，加上更換木地板與重新規劃燈光，牆壁油漆也全部粉刷，於是主臥室一瞬間就活了過來。

STEP 2 打造電視牆 是焦點也是分隔線

將原本的突兀餐桌移除，順著房間邊緣的柱子豎立一道牆，包覆木皮並以黑色鐵件修飾，這道電視牆不僅讓屋主可以輕鬆躺在床上看著電視，也作為一條界線，輔助後方的三角區域獨立成為一間更衣室，有效化解畸零格局的困擾。

Case Data | 電梯大樓．10年中古屋．38坪．2人　**個案圖片提供** | 天晴空間設計．陳怡如

融入北歐明朗氛圍 聚焦溫馨自然的視覺印象

"畸零的主臥空間，許多衣物、小孩東西堆疊在外面，凌亂又不美觀。"

Before

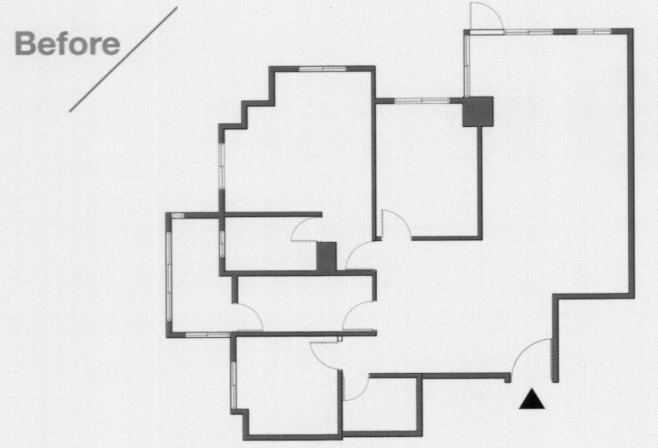

【原格局問題】

✕配色、家具太過陳舊，看起來顯得過時

✕收納機能不足，東西隨便擺放導致房內凌亂

✕主臥格局有稜有角，形成浪費空間的畸零角落

After

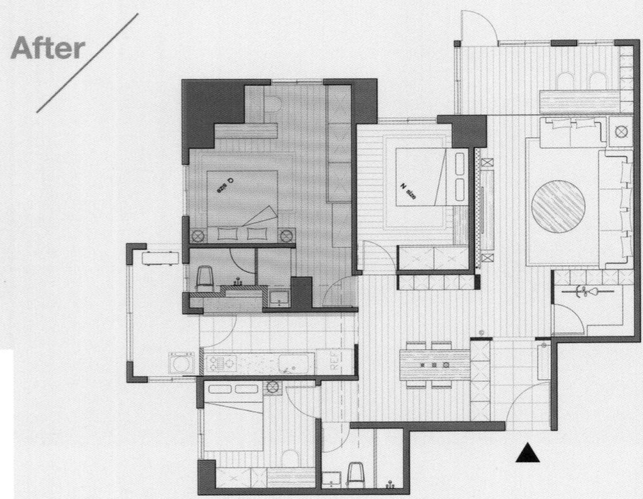

61

簡約為上，恰到好處的溫柔力量

調整配色＋強化收納＋更換家具

格局改造重點

調動格局
增加收納空間

拆掉不合時宜的舊裝潢，調動格局與動線，重新做好配置，利用房間有限空間，增加收納櫃並將機能發揮到最大，解決原來多數東西堆積在外的問題，同時調整房間色系與整體風格一致。

STEP 2

善用畸零空間
滿足主人需求

在沒有很寬敞的空間中，採用淺色系建材打造明亮的北歐風主臥，避免整體視覺效果看起來過於狹小。此外，結合窗戶的自然光照，在柱子旁的畸零角落規劃一處化妝台，讓女主人能夠悠閒的化妝。

Case Data｜電梯大樓．20年老屋．30坪．4人　**個案圖片提供**｜芽米設計．楊俊華

打造小玄關雙衣櫥
盡享飯店式套房高雅精緻

"想要更衣室，但主臥門卡在中間，
很難規劃出想要有雙衣櫥的大更衣間。"

Before

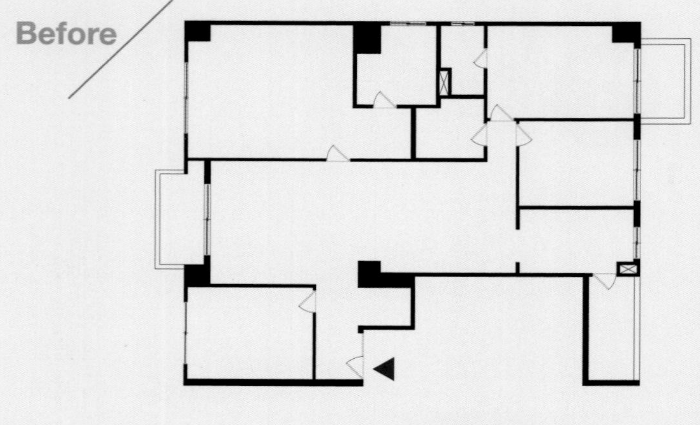

【原格局問題】

✕沒有地方規劃更衣室，無法滿足屋主衣物收納

✕主臥門卡在中間截斷完整壁面，無法最大利用

After

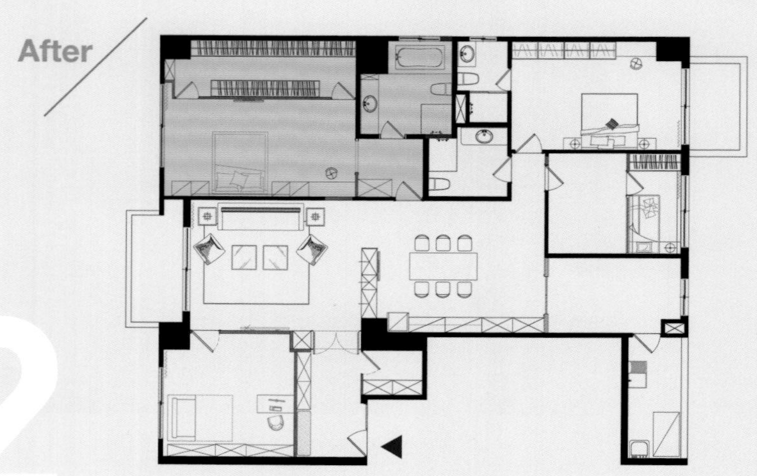

62

開口移位＋合併貯藏室
空間變完整，隔出玄關與更衣室

格局改造重點

STEP 1 變更主臥入口 讓壁面完整空間變大

將位於主臥旁原有被隔開規劃成小貯藏室合併，並把原本卡在主臥中間的門移至原小貯藏室門口，再把此區域規劃成小玄關，作為睡眠區與主臥衛浴的動線轉圜與過渡，打造五星級飯店高級套房的豐富格局，讓住宅風格更頂級精緻。

STEP 2 隔出大更衣間 雙衣櫥雙動線分男女

入口移位後，讓整道壁面完整，空間便可以做最大的使用，即可規劃出原本隔不出的更衣室，而且因空間夠大夠長，因此規畫出相對的兩排櫥櫃，左右各有出入口創造雙動線，將男女主人衣物分區收納，更能條理分明的整理個人衣物。

Case Data｜電梯大樓・30年老屋・60坪・3人
個案圖片提供｜陶璽設計・林欣璇

折紙天花造型串聯空間 打破不方正怪格局

> “原有兩房不方正格局，客廳昏暗狹窄，且廁所通風不良，外面綠意都進不來。”

Before

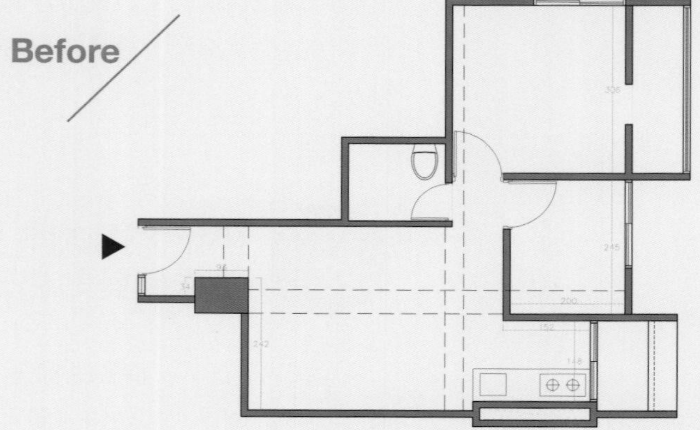

【原格局問題】

✓兩面採光、戶外有綠意

✕衛浴位在中央且沒有對外開窗，廁所通風不良

✕客廳採光被2房擋住，顯得昏暗狹窄

After

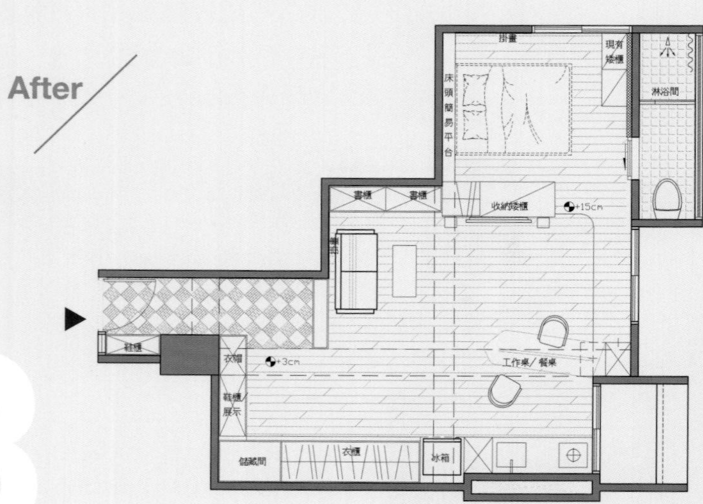

63

怪異格局搖身一變豐富多變
拆掉全部隔間＋櫃子兼隔間

格局改造重點

把隔間拿除
用造型天花串聯空間

不方正格局加上2房的規劃配置，阻擋原有的兩面採光，客廳昏暗狹窄。透過打掉全部隔間，開放式的空間設計，引進光與風。運用一片白色的天花折板造型將不同用途的機能空間串聯，弱化樑柱的壓迫感，也引導了來賓的視覺動線。

STEP 2

隔屏櫃體
大收納界定空間

從玄關的ＣＤ鏤空格架、到運用電視雙面櫃區隔客廳與主臥，在創造收納空間的同時兼具隔間，區隔出不同空間。並在入口刻意加高一階梯的高度讓空間富有內外層次，也讓屋主的個人空間在開放通透的空間格局中保有更多的隱私性。

Case Data｜電梯大樓・中古屋・12坪・ 1人　**個案圖片提供**｜天涵空間設計・楊書林

少1房放大公領域 打開空間把家變成兩倍大

> “坪數不小的房子，客廳好小，每個房間也小，希望空間寬敞舒適些。”

【原格局問題】

×房間數太多，使走道昏暗

×公共空間狹長且小、有畸零空間，不好規劃

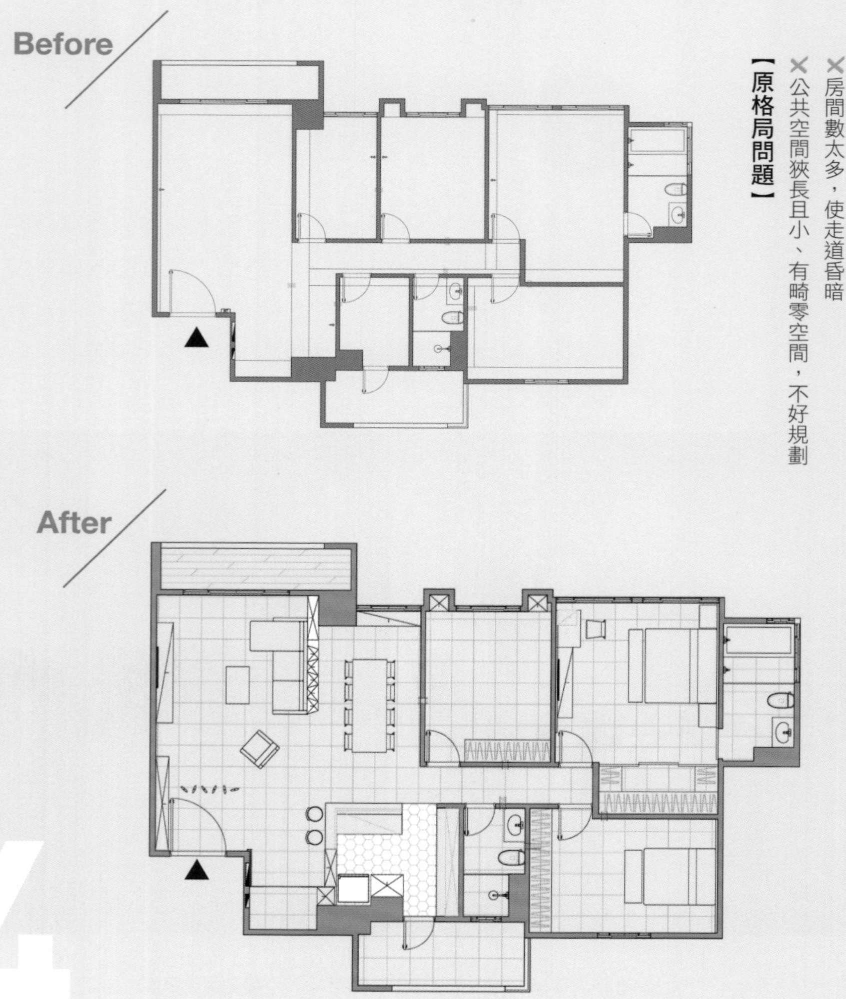

64

客餐廚一體，公領域變大變有趣

拆1房＋雙面櫃＋中島吧檯

格局改造重點

4房改3房 雙面櫃區隔客餐

原本4房格局壓迫到公共場域，客廳狹長不好使用，因應一家只有三口，拆除一房，改用有穿透感的雙面櫃設計，串聯且區隔客、餐廳，而餐桌更可以是大人的工作桌、小孩寫功課的書桌，同時具有放大客廳空間效果。

STEP 2

化封閉為半開放 中島吧檯擋雜亂

雖然喜歡開放式廚房設計，但顧及廚房的雜亂，以中島搭配馬賽克高吧檯做區隔，美化視覺焦點也擋住廚房的雜亂，中島下方還可以收納，透過上方穿透式視野，讓客廳、餐廳及廚房彼此能交流，空間融為一體開闊寬敞。

Case Data｜電梯大樓．5年中古屋．35坪．3人　**個案圖片提供**｜樂沐制作設計．陳聖元、張晏甄、黃子庭

浴室二合一拉出走道 串聯每個房間完整動線

“原本格局超怪，無論到哪一個房間，都必須借道，繞來繞去動線很不順。”

【原格局問題】

✕ 2間衛浴都太小，主臥半套衛浴不好使用

✕ 3＋1房格局進出須借道別的房間，動線繞來繞去

Before

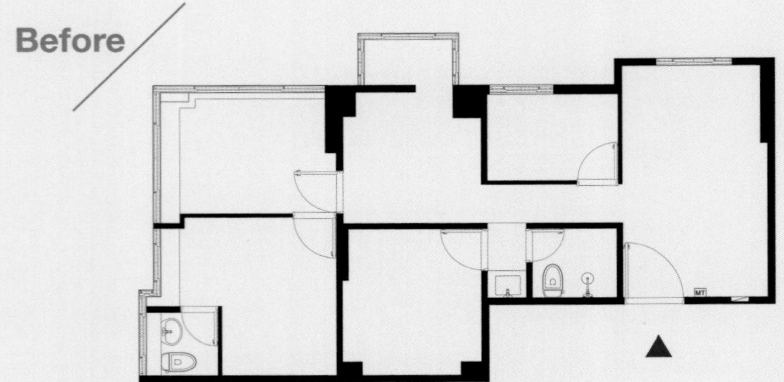

After

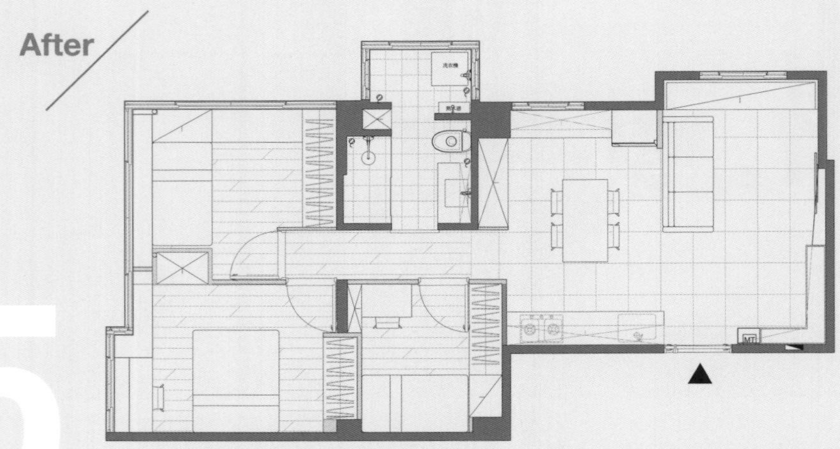

65

格局改造重點

STEP 1 重新分配房間大小 隔出走道動線順暢

硬隔出3+1房的原本格局，導致進出那個房間都必須借道，動線卡卡極不順暢，尤其是到主臥必須先經過另一間房間，嚴重影響彼此隱私。透過重新分配房間大小，將主臥浴室移除，多出空間規劃一走道，進出每間房間都有獨立動線。

STEP 2 統整2小浴室 大浴室更舒適好用

考量屋主實際需求，並不需要2間衛浴，因此將主臥的半套衛浴拿掉，多出空間讓每間房間完整且擁有獨立動線，再統整原本也很小不好使用的客浴，2小浴合而為一寬敞的大浴室，讓每位家人住起來都感覺舒適便利。

移除主臥浴室＋2小浴併1大浴
變出走道，進出房間不繞來繞去

Case Data｜電梯大樓．10年中古屋．22坪．4人
個案圖片提供｜樂沐制作設計．陳聖元、張晏甄、黃子庭

打掉沒窗戶的房間 化身書房豐富公共空間

66

“空間太碎，分隔得小小的，有一間房間沒窗戶，廚房又小又老舊。”

【原格局問題】

✕廚房太小、管道老舊

✕每個空間隔的小小的，讓老屋感覺更凌亂

Before

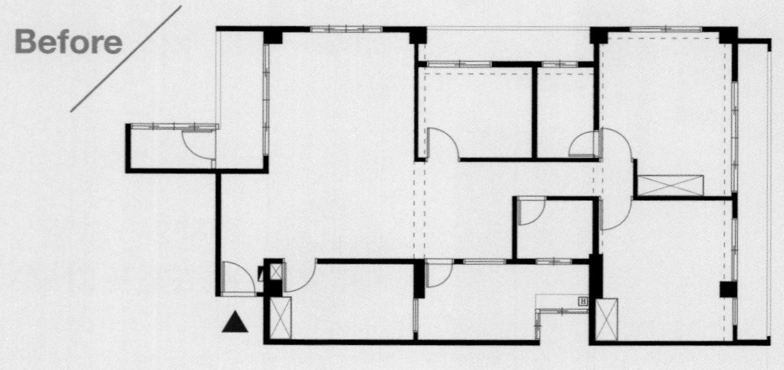

After

空間爽朗多元，增進家人交流

減1房變書房＋窗前做臥榻

格局改造重點

STEP 1 拆掉無窗房間變書房 開放公領域

因應家庭人口單純無需4房，將沒窗戶的房間拆除，改為開放式書房，並打通餐、廚，讓客、餐、廚與書房整個公領域串聯、一氣呵成，把原本隔間瑣碎且小的格局，轉化成寬敞爽朗的舒適居家；多元化機能，家人的情感交流更緊密。

STEP 2 窗戶切低做臥榻 走道變成黑板

由於客廳窗戶過高，坐在沙發望過去會有壓迫感，將窗戶切低做臥榻修飾突出窗框，引進窗光與景觀，並為客廳打造出一休憩區。在從開放公共空間到3個房間的走道，塗上暗紫色黑板漆，巧妙形成孩子可以盡興塗鴉、畫畫的創作壁面。

Case Data | 電梯大樓．30年老屋．40坪．4人　**個案圖片提供** | 集集設計．王鎮

67

開放、彈性為主軸 滿足空間不同階段任務

> “沒有玄關，且每個房間都很小，走道狹長、昏暗，怕孩子容易撞到。”

【原格局問題】

× 房間與房間門口產生狹窄昏暗走道

× 雖然有4房，但每個房間都小小的

× 一進門沒有玄關

Before

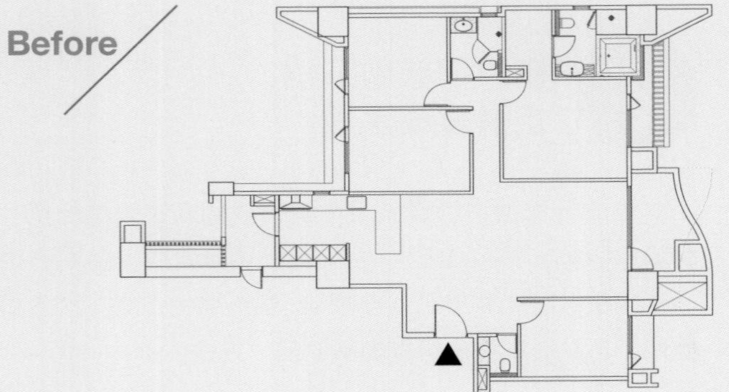

After

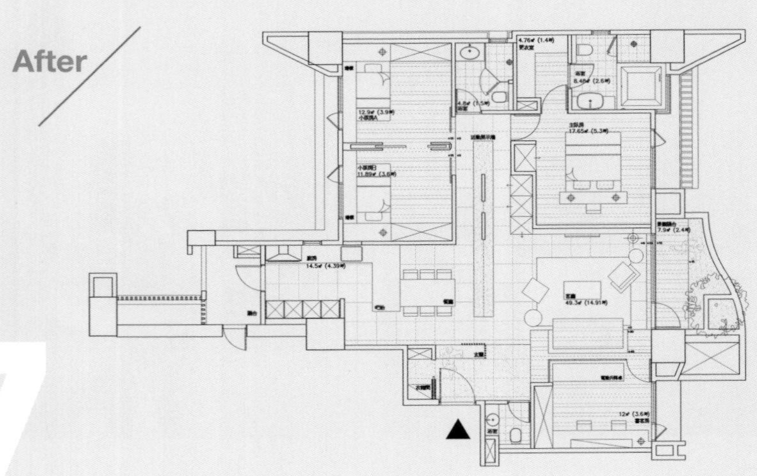

把家變身孩子塗鴉創作及遊戲場
去1房為玻璃書房＋善用拉門

格局改造重點

拆除一房實牆 改為玻璃書房

原始4房雖然都有對外窗戶，但每個空間採光仍不足，加上為實現屋主想要書房的需求，因此將玄關一進來的房間，由實牆改為玻璃隔間，讓光源得以進入，使公共空間更為明亮，視覺上更為寬敞，隨時觀察孩子在家的活動情況。

STEP 2

擴大走道 善用拉門，活化空間彈性

將走道往小孩房再擴大，形成雙倍動線寬度，讓活動更為寬敞。並將兩間小孩房改為架高通鋪設計，中間用拉門區隔，以因應孩子成長過程中，需要陪伴及獨立的階段。走道加入移動式多功能屏風，讓家有各種活動面貌。

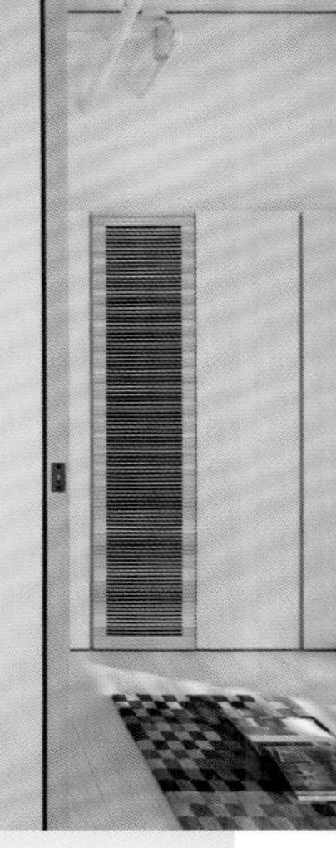

Case Data | 電梯大樓 · 新成屋 · 47坪 · 4人　**個案圖片提供** | 尤噠唯建築師事務所 · 尤噠唯

68

化零為整
打造新婚幸福好宅

“老家空間小，格局有斜角，
有零碎空間，不知如何變成新婚居家。”

【原格局問題】

✕有許多奇怪樑柱及剩餘零碎的空間不能避開

✕格局有斜角，造成畸零空間無法利用

✕三房兩廳制式格局，導致每個空間過小

Before

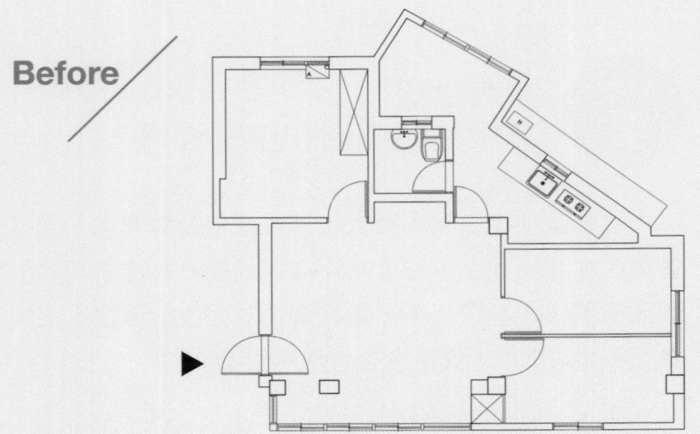

After

零碎空間做儲藏，放大公私場域

3房變2房＋統整公領域

格局改造重點

餐廚前移 整合零碎空間

將位於斜角的餐廚前移，與客廳融為一體，放大整個公共空間，賦予多層次與變化。另外因基地斜角與奇怪樑柱造成很多零碎角落，加以整合作為儲藏收納使用，化零為整的設計，斜角老屋蛻變為全然一新的大器清爽居家。

STEP 2

2間拼1主臥 玻璃隔間通透

原本三房太過侷促，因此將相連兩間整合成一大房為主臥室，正好與衛浴整合成一大套房；原本的主臥則做為彈性空間的琴房兼客房，再利用玻璃通透特性，作為隔間與拉門，讓空間有著舒適的尺度與使用上的彈性。

Case Data | 公寓．30年老屋．22坪．3人 **個案圖片提供** | 尤噠唯建築師事務所．尤噠唯

69

環繞式多動線設計
住辦合一溫馨度假宅

“房間太多、沒衛浴及廚房，
想改成工作室結合住宅，難上加難。”

Before

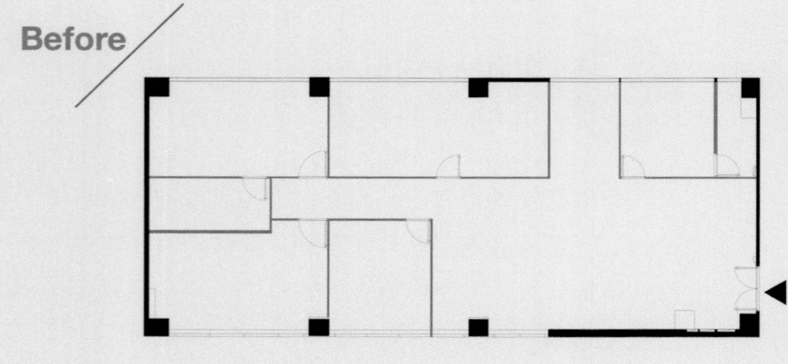

【原格局問題】

✕早期商辦空間，無排水系統，必須重新規劃

✕房間隔太多間，沒廚房沒衛浴不適合住

After

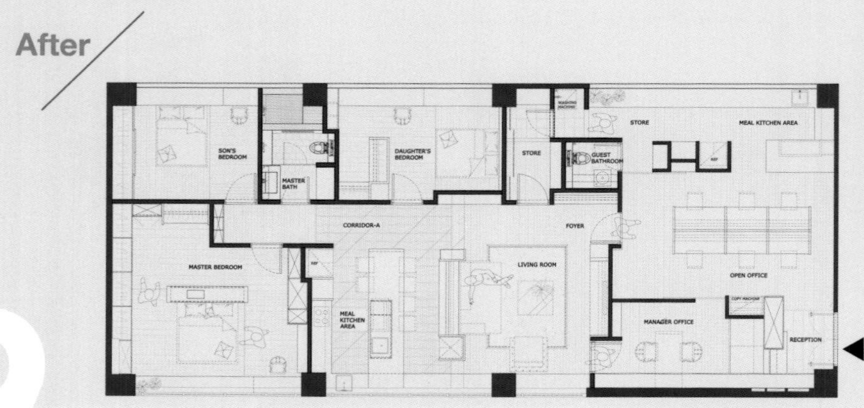

多功能設計，辦公住宅兩相宜
架高地板＋環狀動線

格局改造重點

STEP 1 架高中島地坪 隱藏水電管路

由於是工作室與住宅合一，因此將空間一分為二，前半段為辦公空間、後半段為私人住宅，利用架高中島吧台廚房的地坪設計，隱藏埋設水電管線，更在無形中界定出公共及私密領域的區隔，坐在吧檯，高視角可環視整個公共場域。

STEP 2 環狀動線 公私領域互通亦獨立

多重環繞動線設計，讓公、私領域彼此串聯與獨立，想出門時可以直接穿越辦公區域、或間接繞道書房茶水間，提供行進間更多選擇。私人空間保留左右兩側自然開口，搭配百葉及開放設計，保留通風及採光，日光的變化也增添空間層次。

Case Data | 電梯大樓．30年老屋．58坪．2人　**個案圖片提供** | 大湖森林設計．柯竹書、楊愛蓮

半開放書房
大量留白打造親子遊樂場

“4房對小家庭有點太多，
小孩還小，希望處處都可看到孩子。”

【原格局問題】

✕公私領域對半，客餐廚顯得較為狹長

✕4房格局，空間稍顯零碎

Before

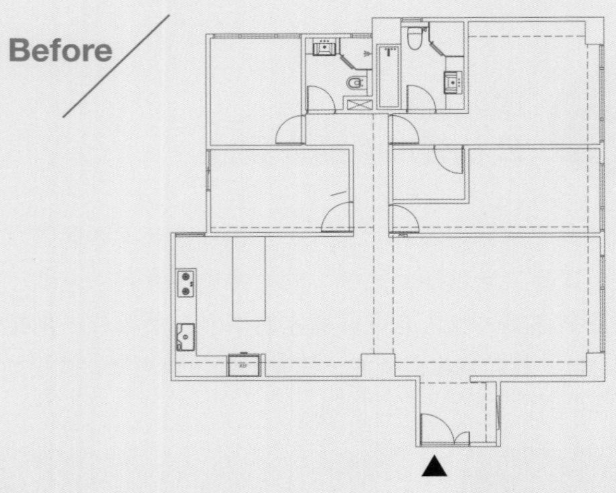

After

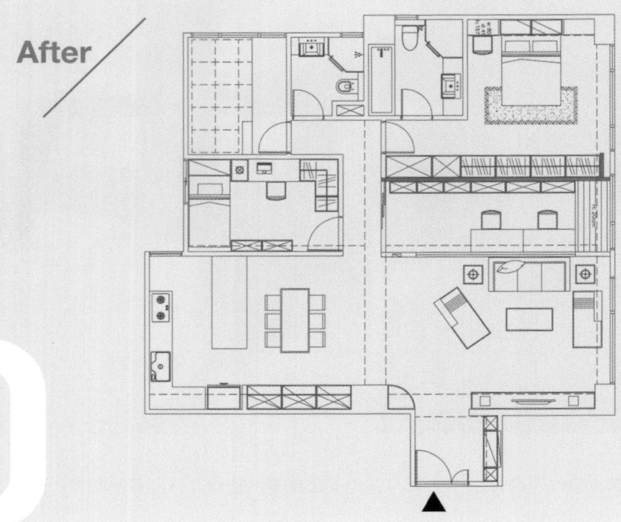

70

寬敞暢快空間，小孩的遊樂場
1房給書房＋公領域留白

格局改造重點

STEP 1 半開放書房 大人工作可看孩子

將4房改為3房，把緊鄰客廳的1房規劃成書房，並以上空的半牆連結客廳，讓公領域的視覺延伸，具有放大空間感受，當爸爸媽媽在此上電腦、工作時，也能方便照看在客廳玩耍的孩子，彼此聊天互動，度過每一個歡樂日常。

STEP 2 留白鋪陳 空間寬敞舒暢

打通書房後，與客廳、餐廳、廚房串聯成極為開闊場域，客廳不設茶几以便孩子能暢快的開著玩具賽車；開放式廚房將整排白色電器櫃延伸至餐桌旁，虛化餐廚界線，彼此視線更具交錯展延，媽媽也能輕鬆與孩子互動。

Case Data｜電梯大樓．新成屋．36坪．3人　**個案圖片提供**｜伊可傢俬設計．詹文雄、林育如

4 房變 3 房放大公領域 半開放書房成為美麗風景

“狹長陽台浪費空間，阻光入內，4房格局零碎，鄰客廳房成視覺銳角。”

【原格局問題】

× 緊鄰客廳房間造成視覺銳角

× 4 房格局，將空間切割零碎

× 陽台廊道狹長，擋光又浪費空間不好用

Before

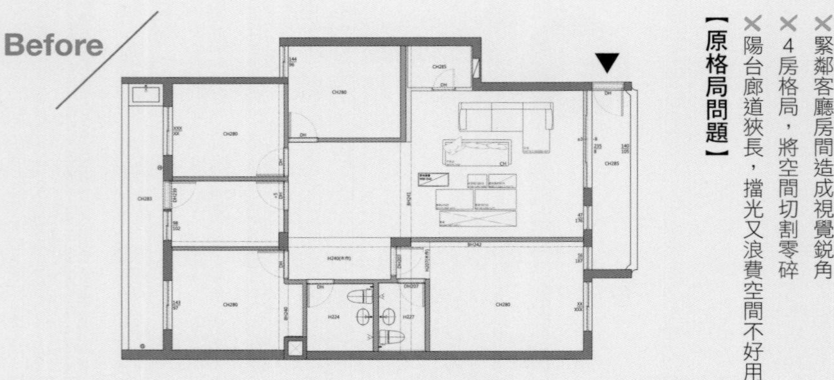

After

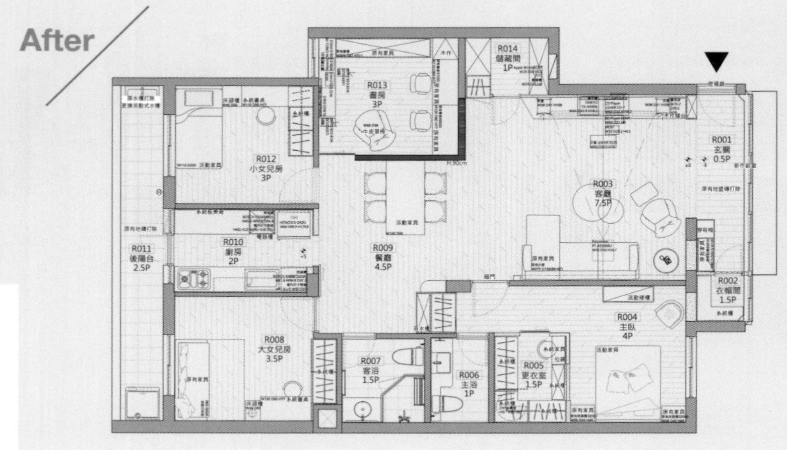

71

玻璃書房穿透，擴大公領域延伸
陽台變玄關＋4房變3房

格局改造重點

STEP 1 拆除長陽台落地窗 變身玄關納進客廳

舊有格局進門後就是狹長陽台，無法做收納儲物，一道落地門窗阻隔陽光與視線延伸。拆除落地窗將此處變身為玄關納進公領域，重新置入植栽、衣帽間、鞋櫃組合成一入門端景，角落趣味深化了空間設計感，客廳亦顯擴大明亮。

STEP 2 減 1 房變書房 虛化突兀客廳轉角

踏入客廳，立刻會看到書房隔間的轉角，突兀又顯畸零，加上為讓孩子使用書房時，親子可以保持互動，書房隔牆改為上玻璃下木質的半牆創意，化解了轉角的視覺尷尬，貼心的捲簾巧思，還是能在需要時遮擋穿透，保留房內隱私。

Case Data | 電梯大樓．15年老屋．34坪．4人　**個案圖片提供** | 星葉設計．林峰安

72 二戶併一戶格局重整 最好視野給餐廚是家的重心

“由二戶打通合併成一戶，
變成狹長格局，空間不知怎麼規劃。”

【原格局問題】

×兩個進出動線均在場域中央，空間串聯不易

×二個方正小坪數打通成一戶，變成狹長格局

Before

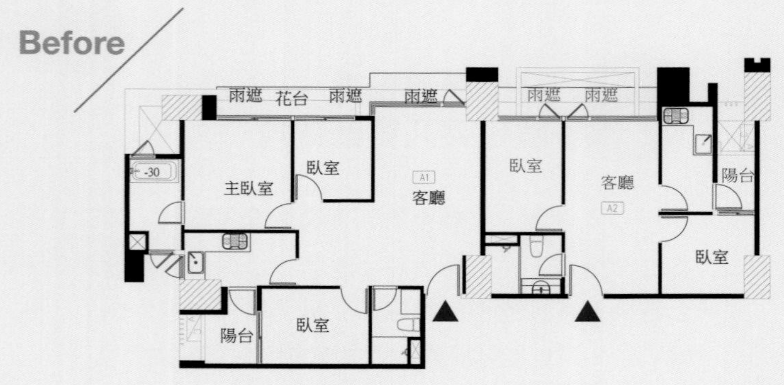

After

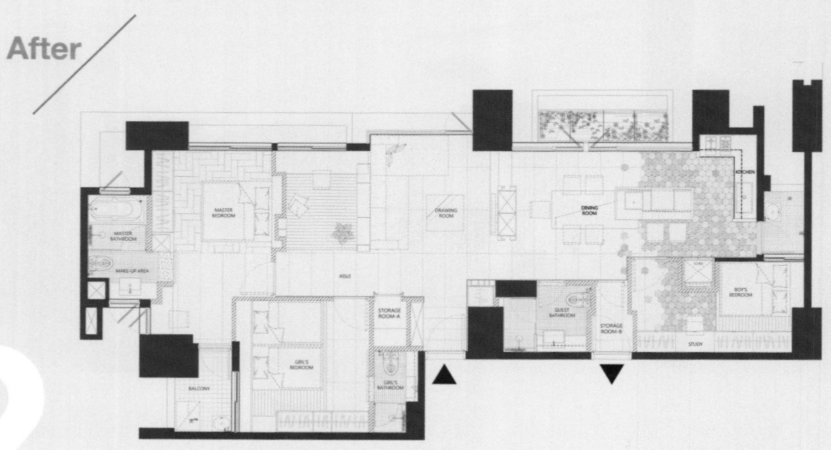

重新形塑空間視線穿透
櫃體隔間+通透隔屏

格局改造重點

STEP 1 公領域在中央採光處 半通透隔屏延伸視野

保留較大那戶出入口為主要進出動線，配合建築基地結構及特色，將公領域集中在採光及景色最好的場域。再以櫃體當隔間，搭配鏤空櫃子為半穿透式隔屏，空間裡穿插鏡面，反射出視覺幻影般的層次變化，衍生素雅的禪意情境。

STEP 2 重心轉移餐廚 匯集家人情感

將兩戶的廚房空間整併在右側，景緻最好的角落，並開放廚房與餐廳連成一氣，形成大場域，運用複合式中島餐桌串聯彼此，並使用不同地磚界定場域，讓屋主的生活重心轉移至此，匯集家人的情感互動。

Case Data｜電梯大樓．新成屋．35坪．4人　**個案圖片提供**｜大湖森林設計．柯竹書、楊愛蓮

玻璃盒書房概念 3+1房消弭雙拼屋狹長感

"當時買的是兩戶打通格局，坪數夠大，但客餐廚顯得有點狹長。"

Before

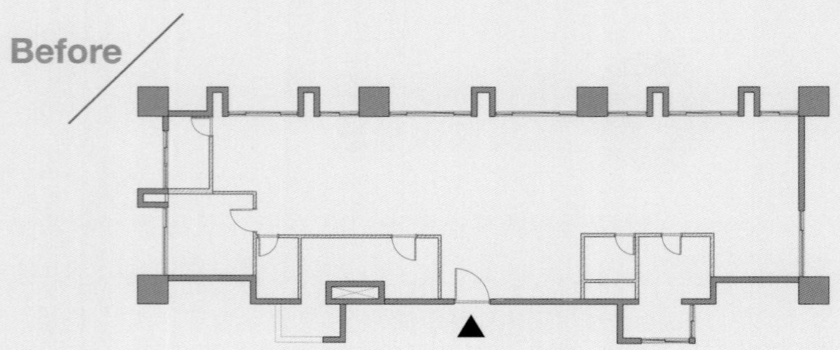

After

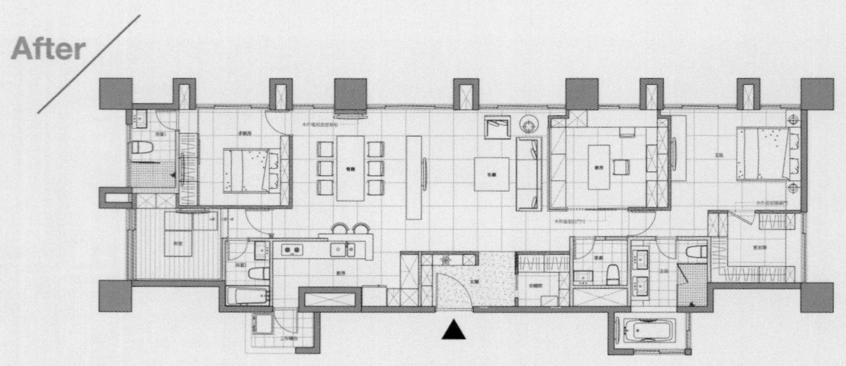

73

【原格局問題】

✕ 雙拼新成屋，導致形成狹長格局

✕ 全室無隔間，需規劃4房加書房

開放公領域+玻璃屋書房

創造視覺延伸，展現簡潔大器

格局改造重點

線條框清玻 書房變身人文玻璃屋

夫妻都有在家工作需求，書房為必要，希望可以一邊工作一邊留意在客廳活動的孩子，因此沙發背牆後方以L型木作框架出書房格局，採隔牆上半部為清玻、腰帶為茶玻的精巧設計，豐富整個開放的客餐廚，增進家人互動。

水平推拉玻璃門 虛化廊道冗長感

L型純白框線佐搭清玻與茶玻的巧思，使沙發後方書房宛如一處人文時尚感的玻璃屋端景，轉角延伸至廊道側的水平推拉門，也以清玻的輕盈虛化，消弭走廊冗長感，加上打開客廳視線延伸，整體公領域方正大器，明亮又寬敞。

Case Data｜電梯大樓・新成屋・55坪・3人　**個案圖片提供｜伊可傢俬設計・詹文雄、林育如**

活用窗景與樑柱 狹長辦公室變地中海悠閒宅

“原本為辦公室用途的超狹長格局，有可能變為二房二廳的舒適住宅嗎？”

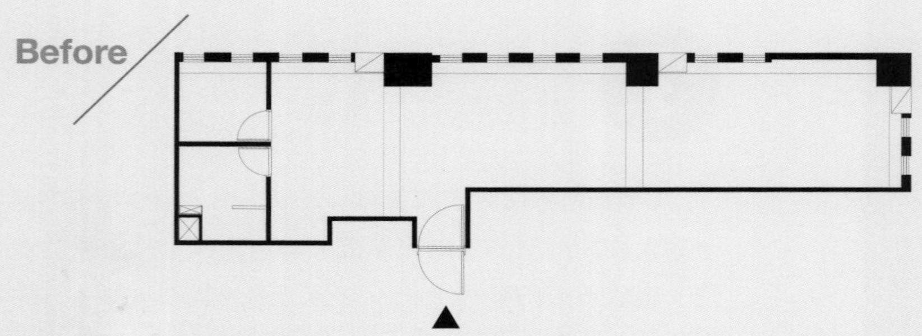

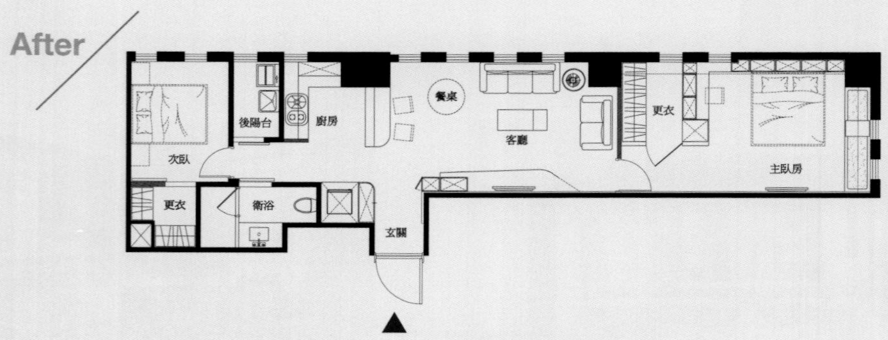

74

【原格局問題】

- ✕ 狹長格局，只有前端及側邊有採光
- ✕ 原為住商空間，管線、格局必須重新配置
- ✕ 樑柱及窗戶多，有不少畸零空間，牆面難規劃

長街屋也能休閒又時尚
窗景當隔間＋樑柱下設吧台

格局改造重點

STEP 1 窗景與樑柱切割空間 打造層次分明公私領域

這是一間長約22米，寬才3.5米的狹長型房子，原本為辦公空間，屋主想要設計成住宅，因此管線及格局全部要重新規畫。運用邊間的10道窗戶及原本的樑柱切割空間場域，並把客廳及公共場域放在中央，兩側為主臥及孩童房。

STEP 2 樑下設計吧台及臥榻 天空藍配色休閒收納兼顧

利用空間兩根大樑柱下方空間，規劃為廚房吧台及主臥隔間，化解壓樑問題；主臥樑下特別設計臥榻，可在窗邊輕鬆閱讀，下方設計4個大抽屜，更增加收納空間。整體空間採用明亮的希臘天空藍與木紋配色，狹長街屋也能休閒時尚。

Case Data | 公寓．30年老屋．24坪． 3人 **個案圖片提供** | 天涵空間設計．楊書林

彈性空間變變變 解決長屋通風不佳寵物宅

"家裡養了一狗一貓，
長型老屋通風不佳，讓家裡味道很臭。"

Before

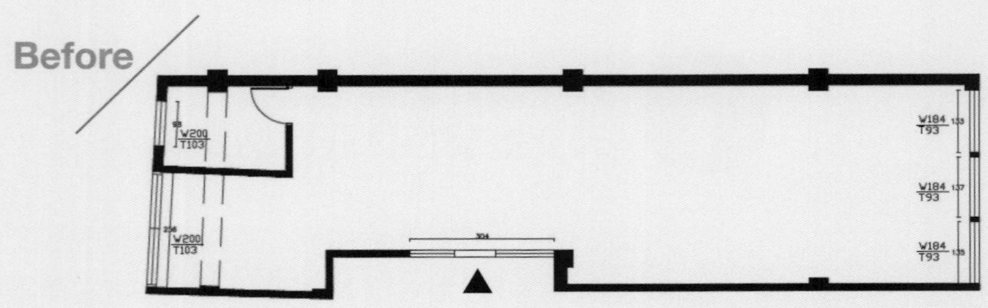

After

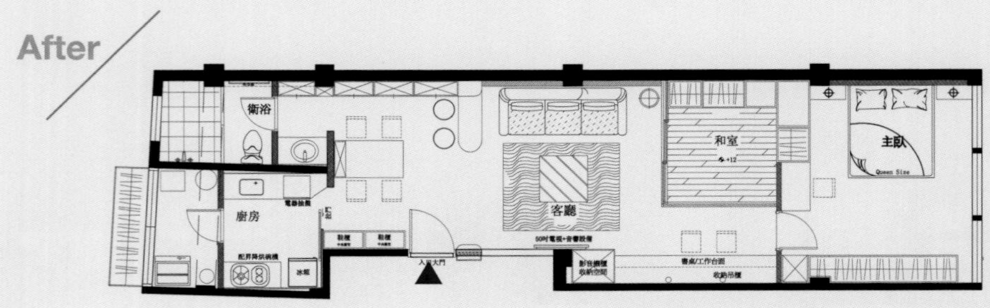

75

【原格局問題】

✕ 傳統長型屋，採光、通風不佳

✕ 屋子後端的隔間格局非方正，使用較困難

20公尺狹長街屋化身變形宅
彈性隔間＋多功能家具

格局改造重點

STEP 1 客房和室彈性隔間 多功能家具機能多更多

在和室及主臥間，運用可開合的透空壁櫃，讓室內通風順暢並將採光引入客廳。在廚房門口規劃可收可放的餐桌及整合沙發邊几的雙人小吧台，為狗狗遊戲的空間，平時二人在小吧台用餐，朋友來訪把餐桌放下，變身聚會小餐廳。

STEP 2 反射通透材質 空間放大術

空間裡運用很多反射及透通材質，讓光源穿梭分享，且視野穿通無礙。例如：主臥衣櫃的墨鏡門片及電視背牆的白膜玻璃隔間，又如配合玻璃拉門的和室設計，側通道刻意加寬到170公分，結合電視櫃延伸而來的雙人工作區，功能不浪費。

Case Data | 公寓．30年老屋．24坪． 2人1貓1狗　**個案圖片提供** | 天涵空間設計．楊書林

內縮陽台、暗房退散 變身陽光流竄時尚宅

“臨馬路長屋，窗戶關死，採光通風差，而且有一個內梯，使用上很不方便。”

Before

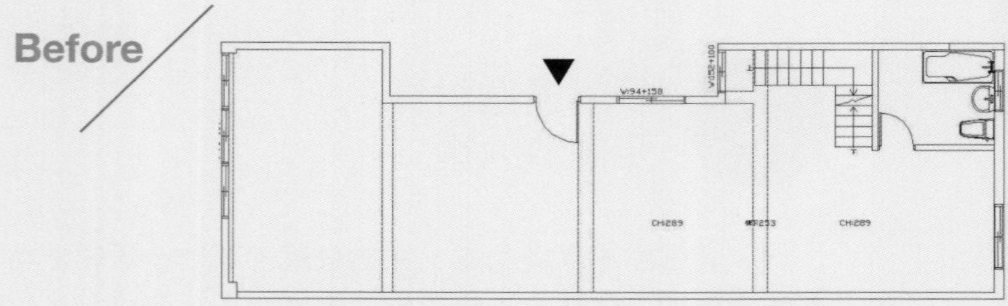

After

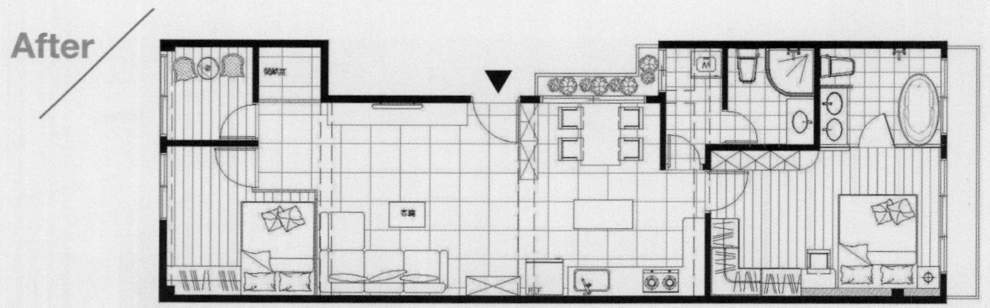

【原格局問題】

✕ 長型空間只有前後有採光，採光不佳

✕ 雖有天井，但採光進不來

✕ 因之前與二樓串聯，中間有內梯

76

自然通風、陽光進駐，悠遊二人世界
開放空間＋拆掉內梯

格局改造重點

STEP 1 公共空間開放 拆掉內梯引光

因應兩側採光，將客餐廚房等公領域集中安排於入門處，採開放式設計，讓視野通透。拆掉內梯變成工作陽台及客浴，讓天井採光也可進入室內，將書房兼客房放在前端，主臥則放在後側，主臥衛浴透過玻璃隔間，讓採光不受阻礙。

STEP 2 從無到有的陽台 採光通風進入室內

擁有一個對外陽台一直是屋主最大的願望，利用位在前端的書房兼客房空間，內縮出一個陽台及儲藏空間，再將對外窗擴至半身高度並改成半露天的場域，採玻璃門區隔，一個既有綠意又能放鬆休憩的陽台空間誕生了！

Case Data | 公寓．30年老屋．22坪．2人　**個案圖片提供** | 采金房室內裝修設計．林良穗

格局動線全面重整
陳舊空間的驚人蛻變

“舊到不行的老房子，陽台逢雨就積水，隔壁大樓樹木遮住光線，讓房子更暗。”

Before

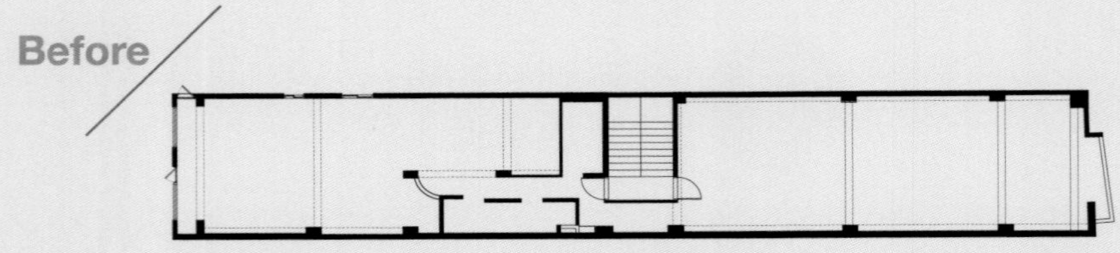

After

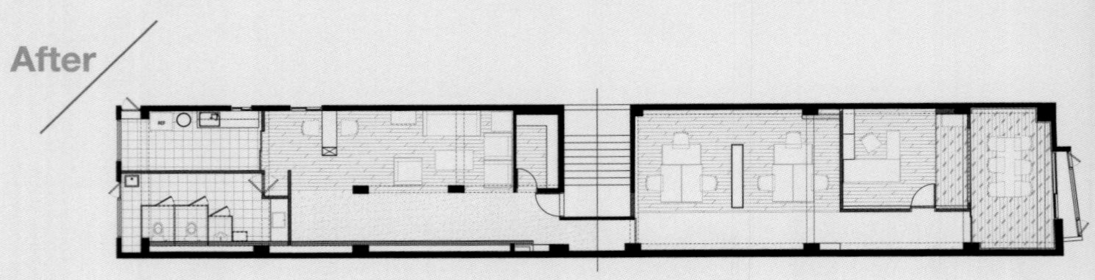

【原格局問題】

✕格局過於狹長，中間地帶採光不良

✕隔壁為廢棄老屋，樹木橫生間接造成緊臨牆面，壁癌問題嚴重

✓房屋本身結構扎實，樑柱位置適當

77

多管齊下，讓老房子再戰二十年
拆除工程＋重新粉刷＋強化採光

格局改造重點

STEP 1 拆除推拉門 引光並擴大空間

針對前陽台，拆除原有推拉門，將前陽台納入室內空間合併為會議室的一部分，擴大實用坪效。此外，因為主管室位在辦公區與會議室中間，所以兩區分界處採用大面玻璃增加通透感，也讓白天戶外光線能透進主管室，進而強化採光。

STEP 2 重新油漆 打造溫馨氛圍

辦公區牆面、天花重新刷漆上色，牆面另以簡單鐵件層板裝飾，同時搭配暖黃OA辦公家具、長型吊燈，替工業風格為主的辦公室，增添些許溫馨感受。天花木作包樑以L型延伸到地板，並且加入間接照明潤飾本區空間氛圍。

Case Data | 獨棟公寓・45年老屋・60坪・5人 **個案圖片提供** | 芸匠室內裝修設計

找到問題癥結點
一次解決化身明亮通風宅

“通風不好、採光不好，客廳深度不足，身處其中，感覺非常具有壓迫感。”

Before

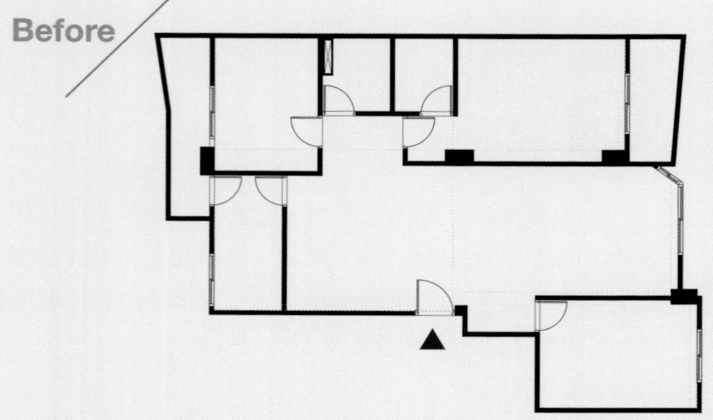

【原格局問題】

✕牆壁多，窗戶少，通風不良，室內又熱又悶

✕公共空間非常狹長，只有一個對外窗，很暗

After

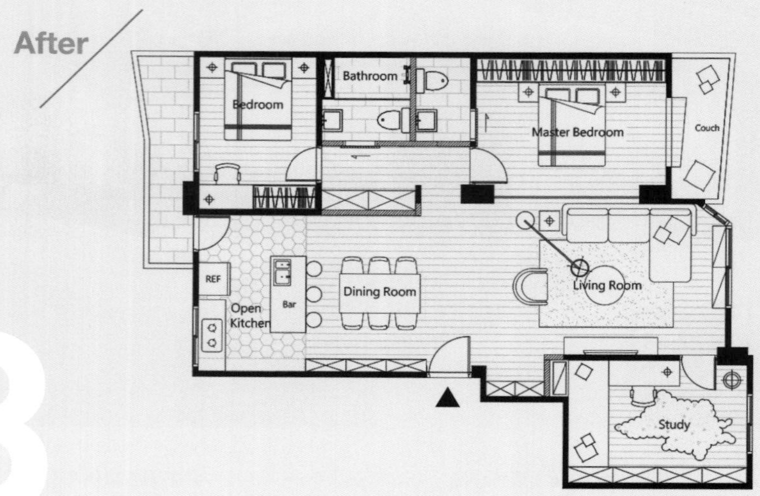

78

先拆牆再開窗，感受一個人的自在

拆隔間牆＋裝玻璃牆＋改善通風

格局改造重點

STEP 1 開放餐廚 雙面採光

原本廚房是獨立且位在室內最底側，不僅空間小，且阻擋光線照入客廳，造成公共區域僅有單面光源，顯得相當陰暗。拆除牆壁後順勢改造成開放式餐廚，透過雙面採光，讓整體空間更加明亮，因為前後都有窗，通風不良也獲得改善。

STEP 2 消除公私分隔 拉長客廳深度

客廳深度不足四米，一進門感覺非常壓迫，由於屋主只有一人，於是直接將沙發後方的主臥室面對客廳側的牆壁拆除，改設置大片落地玻璃隔間，將臥室深度納入客廳之中，藉由通透視野營造清爽無負擔的視覺效果，壓力也瞬間解除。

Case Data | 電梯大樓 · 30年老屋 · 32坪 · 1人　**個案圖片提供** | 巢空間室內設計

減房隱藏過多門片 狹長老屋化身浪漫新婚宅

"狹長格局造成室內光線不足，過大公共區域，壓縮主臥室空間使用。"

Before

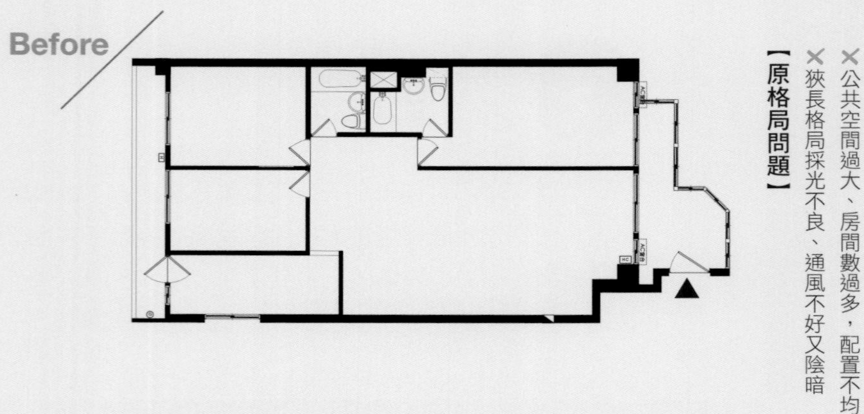

【原格局問題】

✕公共空間過大、房間數過多，配置不均

✕狹長格局採光不良、通風不好又陰暗

After

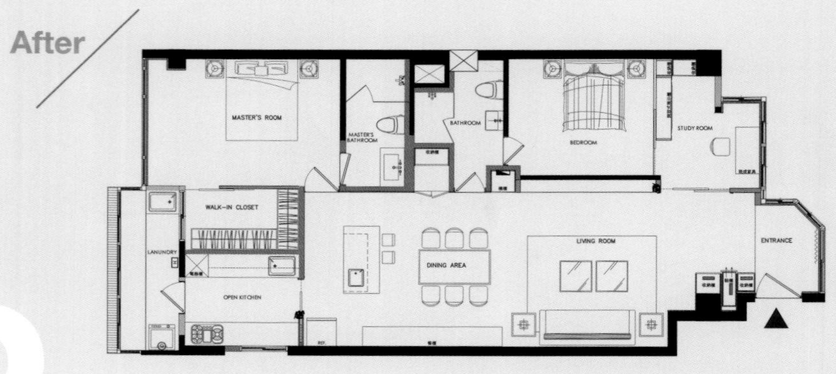

79

暮氣沉沉老屋，蛻變輕盈開闊
重配格局＋自然壁材

格局改造重點

減少房間數 門片改為隱藏設計

三道房間門、廁所門、加上廚房門，原始格局看起來門多又瑣碎，於是將3房改為適合小家庭的2房，並將所有門片全隱藏在從電視牆延伸而來的同一片木紋板材後方，化解狹長格局的侷促瑣碎，打造整體視線的俐落大器。

STEP 2

重新分配格局 打開客餐廚場域

僅有單面採光的狹長格局，公共空間過大、房間數過多，導致格局分配不均，加上老屋漏水、壁癌，讓整個空間感覺陰暗且暮氣沈沈，不適合新婚氛圍。透過整個格局的重新分配，開放整個公共空間與自然材質的運用，化身清新明亮居家。

Case Data｜電梯大樓．25年老屋．30坪．2人　**個案圖片提供**｜陶璽設計．林欣璇

ㄇ字型夾層 引進天光創造空間趣味

> "一樓樓板很低，雖然開放客餐廚，但格局零碎、採光差，空間狹小壓迫。"

【原格局問題】

✓挑高四米二，有一面大採光

✕格局規劃零碎，導致空間狹小壓迫

✕一樓樓板很低，擋住採光

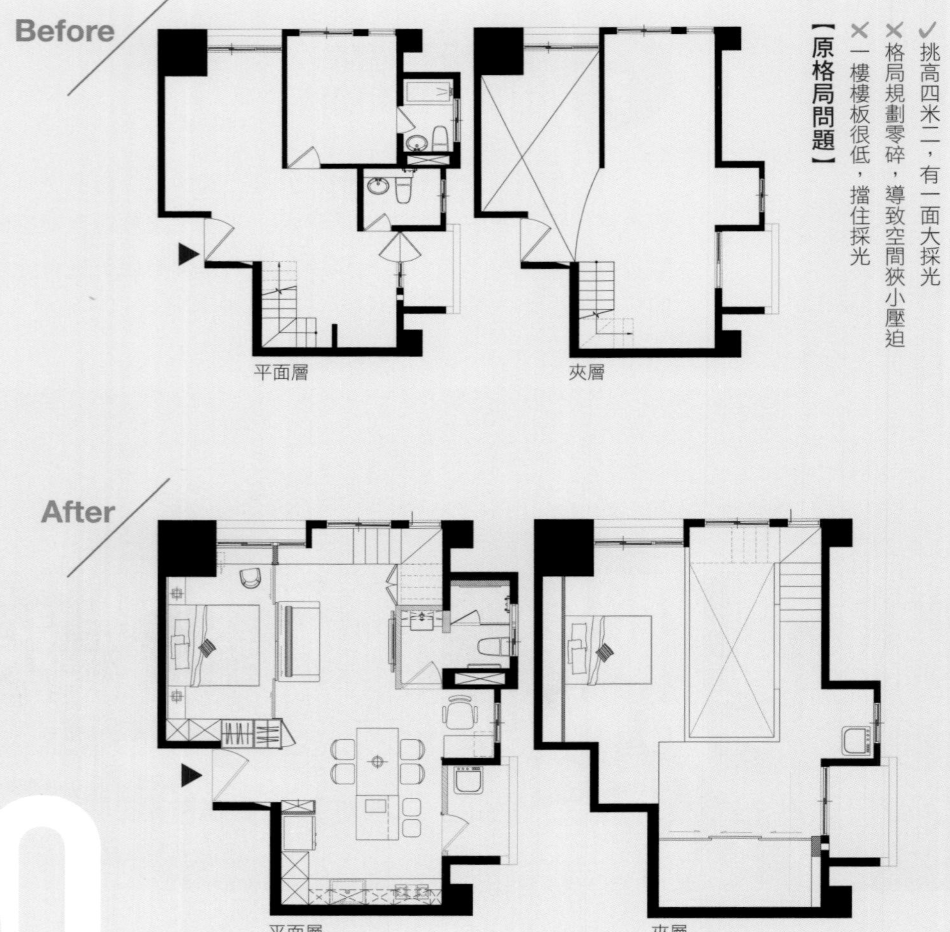

80

放大空間，美式風格明亮浪漫
化零為整＋移動樓梯位置＋ㄇ字夾層

格局改造重點

更改樓梯位置 打造ㄇ字夾層天光四溢

藉由重新調整格局，把原先的零碎空間統整，將原本位於夾層的主臥移到平面層，夾層規劃為休憩室兼客房，空間完整而寬敞。把樓梯移到窗邊，打造ㄇ字夾層配柔美鏤空黑色鍛鐵欄杆，光線得以流洩至每一處，天井般空間增添生活情趣。

STEP 2

2衛改1衛 變出夢想的中島餐廚

因應居住人口只有夫妻2人，將2間小衛浴整併為1間主浴，多出的空間用不僅可以規劃出書房，還可變出女主人夢想的中島餐廚，配以美式線板門片及木頭餐桌搭配黑色造型桌腳與美式餐椅，營造出屋主喜愛的美式居家風情。

Case Data | 電梯大樓／挑高四米二．13年中古屋．15坪／15+10坪．2人 **個案圖片提供** | 陶璽設計．林欣璇

夾層遊戲室剛剛好 小孩快樂成長挑高小宅

“挑高三米六有點尷尬，不高不低，加上坪數又小，一家三口怕不夠用。”

【原格局問題】

✓採光佳、格局方正

✕玄關入口處窄小，不能擺鞋櫃

✕挑高三米六，夾層空間不高、不能站

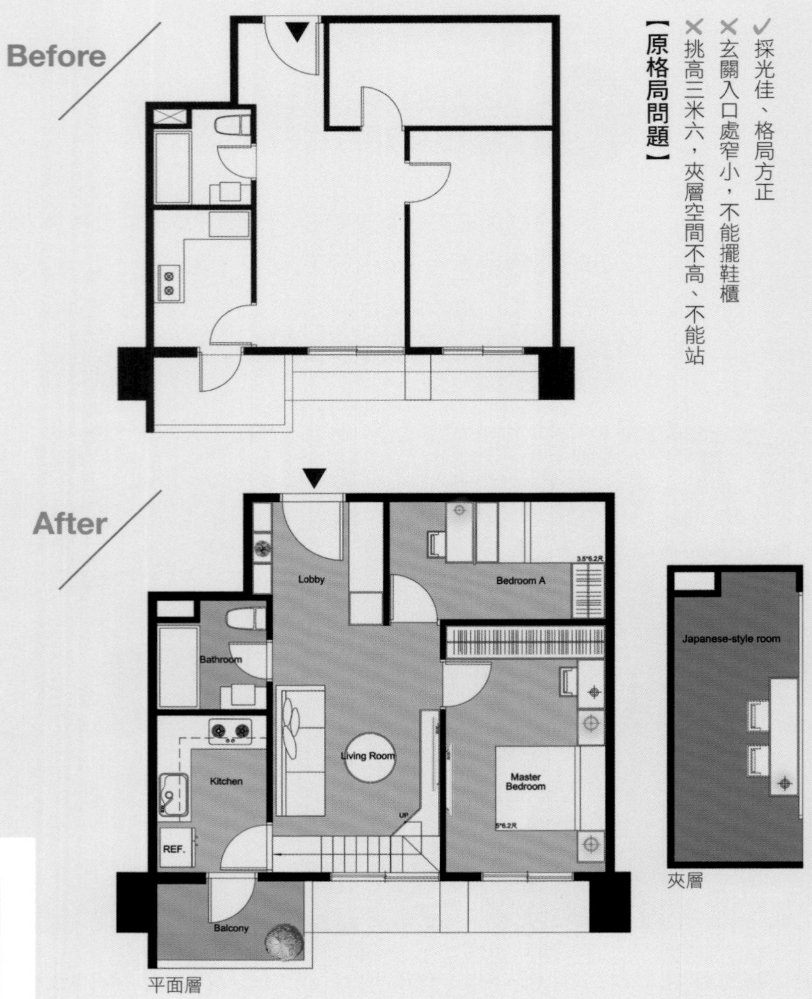

81

空間通透寬敞，小孩悠遊天地
鏤空樓梯＋低扶手＋夾層遊戲室

格局改造重點

STEP 1 輕透樓梯配低扶手 空間穿透夾層遊戲天地

挑高三米六的空間，底下門高有210-220公分，夾層只能110-120公分，根本不能站起來。由於小孩還小，因此將夾層規劃為遊戲空間，運用鏤空樓梯搭配小孩高度好抓的低扶手，打造平面層空間的通透敞朗，而夾層空間就宛如小朋友的祕密基地。

STEP 2 電視牆與沙發對調 樓梯踏階結合電視平台

將原格局規劃的電視牆與沙發位置對調，並將樓梯踏階的第一階與電視平台結合，不僅充分發揮坪效，更得以消彌樓梯入口處的緊迫感，又可以延長電視櫃氣勢，讓視覺得以延伸，創造空間的寬敞舒適度。

Case Data｜電梯大樓／挑高三米六．新成屋．16坪／16+3坪．3人　**個案圖片提供**｜堯丞希設計．吳安栢、郭彥希

拆一房變和室 收納採光滿點功能加分

"客廳被房間擋住光線，很暗，而且找不到適當的地方擺放餐桌。"

Before

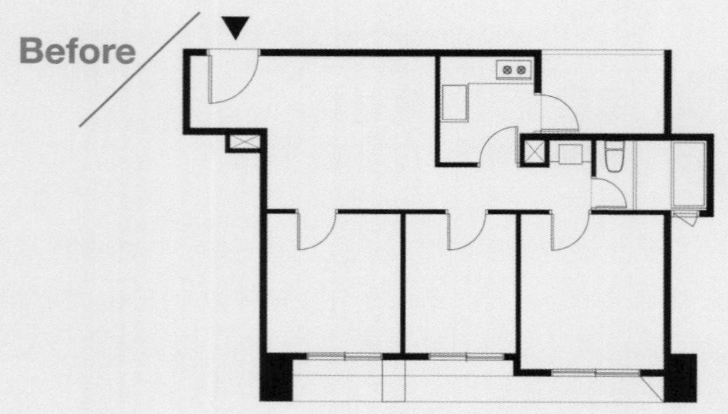

【原格局問題】

✓每間房間都有大窗，採光很好

✕3房格局，有一房間擋住客廳光線

✕客廳採光不佳，很暗

After

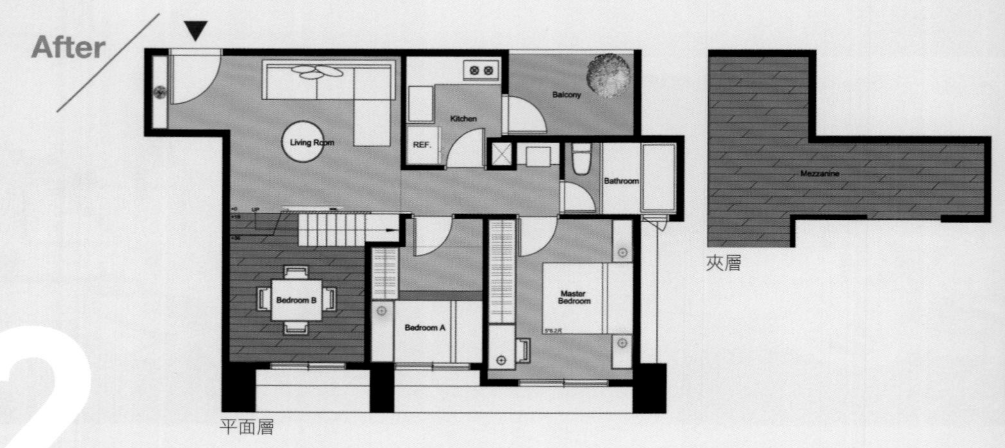

平面層

夾層

82

架高和室＋旋轉電視＋伸縮樓梯

客廳由暗變亮，和室集結多功能

格局改造重點

STEP 1 拆實牆變開放 和室引光收納多功能

雖然3間房間都有開窗、採光充足，但是客廳卻被一間房間擋住光線，感覺昏暗。透過拆除房間實牆，改為開放且架高的和室，不僅為客廳引進大量自然光，九宮格架高地板更創造超大收納，並延伸了公共空間的場域，以及更多樣化的使用機能。

STEP 2 360度旋轉電視 伸縮樓梯不佔空間

由於挑高三米六的夾層很低，因此規劃為貯藏室，並利用走道裝設伸縮樓梯，平時不用收起完全不佔空間。可360度旋轉的電視牆，讓和室不只可喝茶、用餐、閱讀、小孩遊戲，還能有視聽娛樂，滿足年輕夫妻招待朋友到家作客需求。

Case Data｜電梯大樓／挑高三米六・新成屋・20坪／20+5坪・3人　**個案圖片提供**｜堯丞希設計・吳安栢、郭彥希

83

書桌餐桌吧台合一 多功能區域活化小坪數空間

> “挑高只有三米六，空間又小，
> 無法滿足屋主想要的雙人休息空間。”

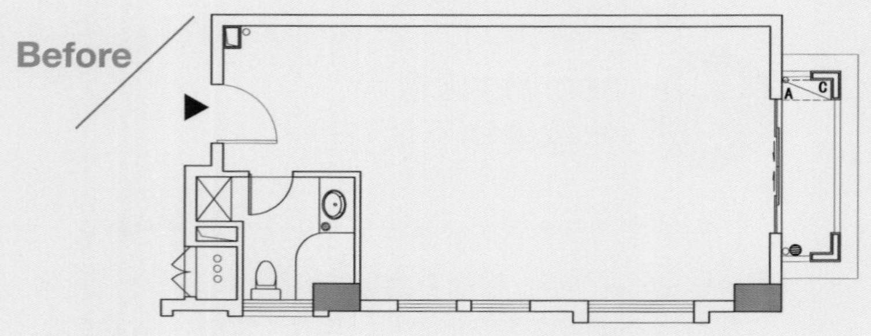

【原格局問題】
✕挑高三米六，做夾層高度很低，不能站
✕空間小，無法隔成屋主所需的2房

After

平面層

夾層

多功能區＋轉換平台＋上下臥室

小宅大機能，夾層臥室好舒適

格局改造重點

STEP 1 三合一吧台 多功能區串聯客臥

喜好旅遊的年輕屋主，崇尚活力的生活風格，在僅有14坪的空間中，藉由巧妙設置一個多功能區，結合書桌、餐桌與吧台一體的活動場域，客廳、多功能區、休息區臥室三者相互切換交流，體現一種現代年輕人生活的活力狀態。

STEP 2 巧用高低差 轉換平台創造舒適

為了滿足屋主與弟弟同住需要2個獨立睡眠空間，於臥室上層規劃另一間臥室，挑高三米六的夾層只有125公分，運用高低差在樓梯處設計轉換平台，可提高到160公分，拾級而上先到平台脫鞋，再上去臥舖，夾層臥室也能擁有舒適度。

Case Data | 電梯大樓／挑高三米六．新成屋．47平方米約14坪／14+2.5坪．2人 **個案圖片提供** | 樞格設計．周文勝

空間公私分明
客廳挑高大器私空間多元化

> “空間有限，但想要2間臥室、一個工作室，客廳還要保有挑高氣勢。”

【原格局問題】

✓採光視野佳，有景觀陽台

✕挑高四米五，做夾層不高不低

✕空間不大不小，屋主要求有2房、1工作室

Before

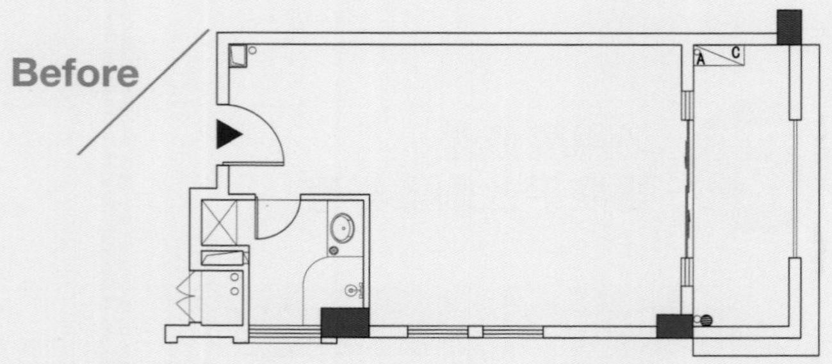

After

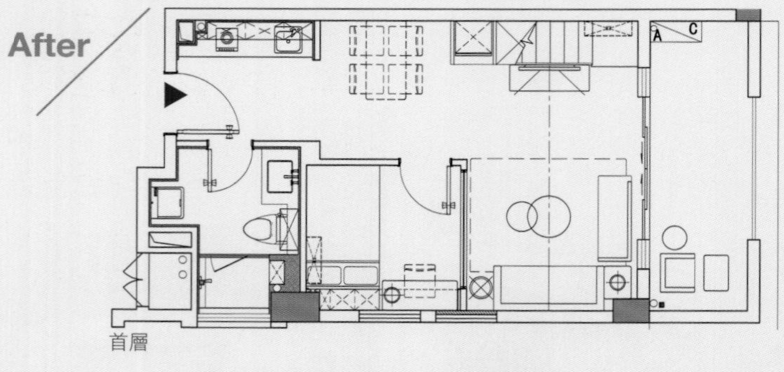

首層

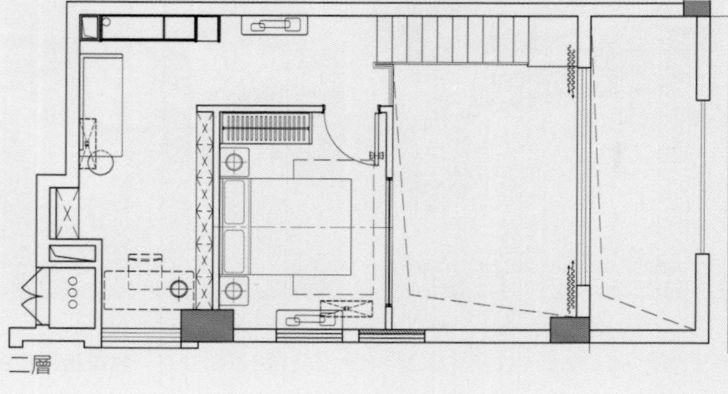

二層

84

一分為二＋玻璃隔間＋兼顧挑高
客廳最挑高，私空間最大化

格局改造重點

STEP 1 玻璃材質做連接 公共空間穿透又挑高

單身的屋主交友甚多，希望能夠擁有2房，藉由公、私領域一分為二，首層以公共活動空間為主附帶客房，二層是私密空間，客房運用玻璃隔間，視覺穿透放大公共場域；客廳保有四米五的挑高，鋪陳出年輕主播的大方浪漫與時尚質感。

STEP 2 多元化私空間 工作睡眠兩相宜

二層的私密空間，除主臥之外，附帶一間屋主需求的主播室，做為日常工作和網絡交流使用。四米五的挑高格局不高不低，但規劃於二層的主臥與工作室高度也有210公分，無論是睡眠或工作，置身其中，感覺皆相當舒適。

Case Data｜電梯大樓／挑高四米五．新成屋
49平方米約15坪／15+10坪．1人

個案圖片提供｜榀格設計．周文勝

活用高低差
客廳最高上下樓層都舒適

"進門後有一條長長的通道，
廚房封閉式，空間視覺上有點侷促。"

Before

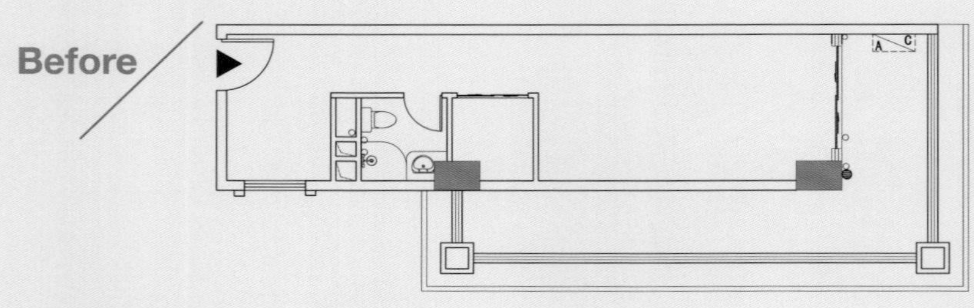

After

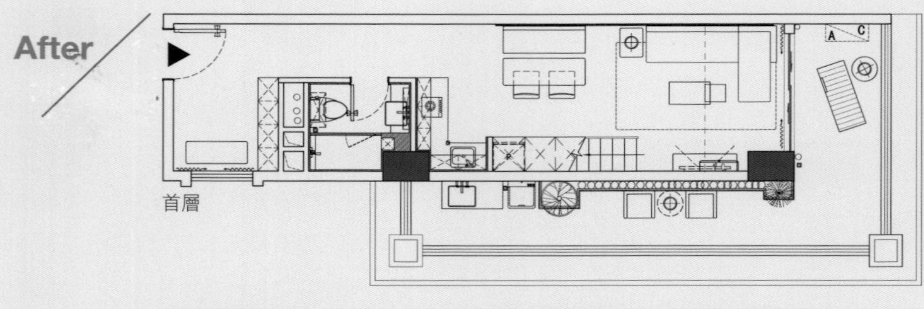

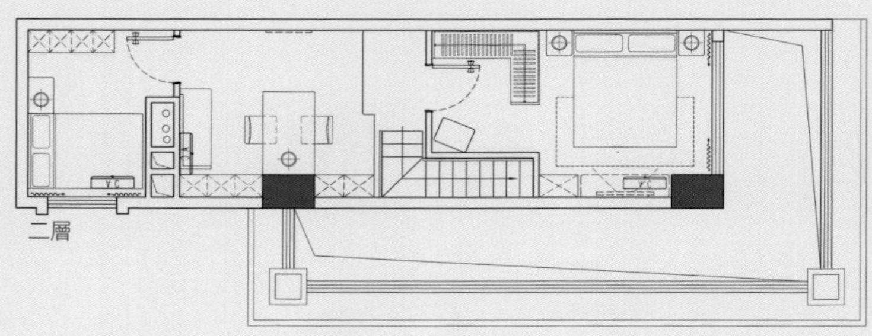

85

【原格局問題】

✕ 入口右側有一畸零空間，進門後有一長長走道

✕ 廚房為封閉式又小，感覺壓迫

✓ 挑高五米一，空間可做靈活運用

消彌長走道，公共空間完整敞朗
開放廚房＋高低落差＋彈性使用

格局改造重點

STEP 1 拆牆打開廚房 打破長廊放大公領域

拆除封閉廚房牆體，改成開放式L型廚房，搭配一長椅、一卡座的餐廳，消彌原有長走道，讓忙碌年輕攝影師夫妻，回家可以很放鬆的相互倚望。將客廳高度拉至最為舒適的270公分，再與餐、廚相連，公領域機能完善，空間開敞舒適。

STEP 2 垂直空間充分利用 彈性空間可獨立可串聯

善用樓梯下方設置整排儲物空間，將垂直空間利用到淋漓盡致。五米一的挑高格局，規劃於夾層的主臥、客房與書房擁有245-265的高度，置身其中感覺相當舒適，書房與客臥可連接又互為獨立，使用極具彈性，兼顧未來生小孩的需求。

Case Data | 電梯大樓／挑高五米一．新成屋．80.5平方米約24坪／24+24坪．2人 **個案圖片提供** | 樀格設計．周文勝

格局改造前，必列清單

建構一個美好的居家空間，動手改造格局前，像是生活需求有那些？喜好風格是什麼？預算要怎麼編列？等等都需要好好釐清。面對如此瑣碎繁雜事項，只要按照專家指示的步驟，即能化繁為簡，輕鬆列出所需，打造好住、好用、又舒適的居家空間。

諮詢暨資料提供︱伊可傢俬設計・林育如、詹文雄

編列預算

✕ 不能以總坪數來計算

每個案子都不大一樣，不能只以總坪數來計算，例如：22坪做4房和做3房的預算就會不一樣，因為4房衣櫃就有4組、3房只有3組，這樣列預算都會有差別。

✓ 依老屋、新屋不同屋況來編列

屋況	老屋	新屋
注重工程	著重在整治漏水、管線老舊等水電、泥作的基礎工程	毋須做基礎工程，著重機能與基本收納的工程
預算編列	1.只做基礎工程，每坪約6-8萬	1.機能與基本收納工程，每坪約4-6 萬
	2.基礎工程＋簡約風格，每坪約7-9萬	2.機能與基本收納工程＋簡約風格，每坪約5-7萬
	3.基礎工程＋不一樣或明確風格，每坪約8-12萬	3.機能與基本收納工程＋不一樣或明確風格，每坪約6-8萬

找到喜愛風格

✔ 美化工程

格局改造除了基礎與實用工程外，還需有美化工程，才能有「家」的專屬風格。一個居家空間，不一定要專屬一種特定風格，且因每個人的喜好不相同，私人的房間可依照各自喜愛的風格，但公共空間就要協調出大家的共識。

✔ 表達喜愛風格

透過上網、書籍、雜誌等，收集喜好的各個空間、家具或家飾、色彩等照片，如此一來就比較容易和設計師或施作師傅做好溝通，打造出真正喜愛的居家空間Style。

節省預算

將裝修工程分為「最需要」、「需要」及「可日後再增加」三大類，依順序排所需預算，「可日後再增加」即是指不影響現在的生活品質，以後可再做的裝修工程，現在若不做就可省下一筆預算。此外，挑選相近材料取代原本要用材料，但對於風格營造還是可以達成，也能節省預算。例如：文化石可用擬真文化石的壁紙替代。

屋況／工程項目	老屋	新屋
最需要	水電與泥作基礎工程	格局與動線工程
需要	收納	收納
可日後再增加	小孩房	小孩房

裝修需求檢視表

仔細檢視房屋現有狀況，新屋？舊屋翻新？並列出你與家人的生活需求，例如：需要幾間房間？鞋櫃要多大？客廳沙發是3人、還是L型？要不要有一張主人椅？餐桌是圓的、還是長的？需要書房嗎？客、餐廳要開放連接嗎？廚房適合做開放、還是封閉呢？等等一堆看似瑣碎的事，卻是左右格局改造的重要因素。

裝修類型
□預售屋_____坪　□新屋裝修_____坪　□舊屋翻新_____坪
現有格局
____房_____廳_____衛_____陽台
裝修後格局
____房_____廳_____衛_____陽台
家庭成員
□單身1人　□夫妻2人　□小家庭，共____人　□三代同堂，共_____人
裝修總預算
□50萬以下　□51~100萬　□101~200萬　□201~300萬　□301~400萬　□401~500萬　□500萬以上
完工時間
□1-2個月　□3-5個月　□6-12個月　□1年以上

空間	裝修需求
玄關	□不需要 □需要　□鞋櫃 □穿鞋椅 □鏡子 □衣帽架 □抽屜櫃 □展示櫃 □其它
客廳	□電視 □視聽音響 □投影螢幕 □展示架 □CD、LD收納 □收藏 □茶几 □其它 □沙發款式＿＿＿＿＿＿
餐廳	□開放 □封閉 □餐具櫃 □酒櫃 □食物櫃 □收藏 □家電用品 □吧檯 □中島 □餐桌款式＿＿＿＿＿＿ □餐椅＿＿＿＿張 □其它
廚房	□開放 □封閉 □冰箱 □廚具 □電器用品 □食物櫃 □酒櫃 □餐具櫃 □鍋具 □清潔用品 □吧檯 □中島 □其它
衛浴	＿＿＿間 □潔具設備 □浴櫃 □淋浴 □浴缸 □鏡子或鏡櫃 □毛巾架 □其它
房間	＿＿＿間 □更衣室 □衣櫃 □梳妝台 □書桌 □床組尺寸 □床頭櫃 □其它
小孩房	＿＿＿間 年齡 □0～6歲 □7～12歲 □13～18歲 □18歲以上 □衣櫃 □梳妝台 □書桌 □床組尺寸 □床頭櫃 □其它
書房	□開放 □封閉 □書櫃 □書架 □書桌 □視聽音響 □電腦設備 □書籍雜誌 □嗜好收藏 □兼具其它功能 □其它
特殊需求	□寵物 □儲物間 □佣人房 □其它

設計公司索引 Design Info

依章節次序排列（個案圖片版權分屬各設計公司所有，請勿翻印）

林煜傑建築師事務所
02-8772-3686
www.facebook.com/pages/林煜傑建築師事務所/295381250570038

青埕建築整合設計
03-281-3777
www.clearspace.tw

大湖森林室內設計
02-2633-2700
www.lakeforest-design.com

丰彤設計工程
02-2896-2689
www.fontal.tw

翎格室內裝修設計工程
02-2577-1891
www.ringo-design.com

伊可傢俬設計
02-2577-2055
www.dancesspace.pixnet.net/blog

陶璽室內設計
02-2511-7200
www.taoxi.com.tw

構設計
02-8913-7522
www.facebook.com/madegodesign

簡致制作
04-2376-1276
www.facebook.com/Simpleutmostdesign

天昱設計
07-359-2157
www.tyarchitects.com.tw

采金房室內裝修設計
02-2536-2256
www.maraliving.com

天晴空間設計
04-2463-8398
www.tc-id.com

裏心設計
02-2341-1722
www.rsi2id.com.tw

子境設計
04-2631-6299
www.zinarea.com.tw

奕所設計
02-2704-9955
www.leeyee.com.tw

星葉設計
02-2746-5228
www.s-l.com.tw

尚藝設計
02-2567-7757
www.sy-interior.com

上云空間設計
02-2382-0718
www.facebook.com/pg/上云空間設計-210308512355147

岱禾空間製作
02-2793-2852
www.ldlinterior.com

芽米空間設計
04-2255-1369
www.yamspace.com

尤噠唯建築師事務所
02-2762-0125
www.sharho.com

天涵空間設計
02-2754-0100
www.skydesign101.com

哲嘉室內規劃設計
02-8773-2220
www.choice-homes.com.tw

甘納空間設計
02-2795-2733
www.ganna-design.com

巢空間室內設計
02-8230-0045
www.nestspace.tumblr.com

樂沐制作空間設計
02-2732-8665
www.themoo.com.tw

木介空間設計
06-298-8376
www.facebook.com/MuJie.Design

晨室設計
02-2507-1102
www.chen-interior.com

集集設計
02-8780-0968
www.gigi-design.com.tw

芸匠室內裝修設計
02-2528-9222
www.artisan888.com

堯丞希設計
03-357-5057
www.facebook.com/YxCDesign

楃格設計（廣州）
+8620-3478 3565
www.pgdesign.com.cn

國家圖書館出版品預行編目 (CIP) 資料

格局改造攻略 / 風和文創編輯部著 .
-- 初版 . -- 臺北市 : 風和文創 , 2018.10
面 ; 17*23.5 公分
ISBN 978-986-96475-5-7 (平裝)

1. 室內設計 2. 家庭裝潢 3. 空間設計

422.5 107016494

格局改造攻略

讓家更大順暢,一次到位

作者 風和文創編輯部
採訪編輯 李寶怡、杜玉婷、王程瀚
李心純、楊亞欣
編輯協力 iD Show
封面設計 黃聖文視覺設計工作室
版型設計 賴世傑、黃悅寧
內文編排 黃悅寧
插畫繪製 A WEI

總經理 李亦榛
特助 鄭澤琪
副總編輯 魏雅娟
企劃編輯 張芳瑜
出版公司 風和文創事業有限公司
公司地址 台北市中山區南京東路一段86號9樓之 6
電話 02-25217328
傳真 02-25815212
EMAIL sh240@sweethometw.com

台灣版 SH 美化家庭出版授權方
IESG
凌速姊妹 (集團) 有限公司
In Express-Sisters Group Limited

公司地址 香港九龍荔枝角長沙灣道 883 號
億利工業中心 3 樓 12-15 室
董事總經理 梁中本
EMAIL cp.leung@iesg.com.hk
網址 www.iesg.com.hk

總經銷 聯合發行股份有限公司
地址 新北市新店區寶橋路 235
巷 6 弄 6 號 2 樓
電話 02-29178022

製版 彩峰造藝印像股份有限公司
印刷 勁詠印刷股份有限公司
裝訂 明和裝訂股份有限公司

定價 新台幣 420 元
出版日期 2018 年 10 月初版一刷